Ein Beitrag zur heuristisch-numerischen Energieintegration

Zur Erlangung des akademischen Grades eines
Dr.-Ing.
vom Fachbereich Chemietechnik der Universität Dortmund
genehmigte Dissertation

vorgelegt von
Dipl.-Ing. Michael Nemecek
aus
Monheim

Tag der mündlichen Prüfung: 19.03.1999
1. Gutachter: Prof. Dr. K. H. Simmrock
2. Gutachter: Prof. Dr. H. Schmidt-Traub

Dortmund 1999

Berichte aus der Verfahrenstechnik

Michael Nemecek

Ein Beitrag zur heuristisch-numerischen Energieintegration

D 290 (Diss. Universität Dortmund)

Shaker Verlag
Aachen 1999

Die Deutsche Bibliothek - CIP-Einheitsaufnahme

Nemecek, Michael:
Ein Beitrag zur heuristisch-numerischen Energieintegration /
Michael Nemecek. - Als Ms. gedr. - Aachen : Shaker, 1999
    (Berichte aus der Verfahrenstechnik)
    Zugl.: Dortmund, Univ., Diss., 1999
ISBN 3-8265-6165-1

ISBN 3-8265-6165-1
ISSN 0945-1021

Shaker Verlag GmbH • Postfach 1290 • 52013 Aachen
Telefon: 02407 / 95 96 - 0 • Telefax: 02407 / 95 96 - 9
Internet: www.shaker.de • eMail: info@shaker.de

Vorwort

Die vorliegende Arbeit entstand während meiner Tätigkeit als wissenschaftlicher Mitarbeiter am Lehrstuhl für Technische Chemie A der Universität Dortmund mit Unterstützung der Gesellschaft für heuristisch-numerische Beratungssysteme mbH (GHN), der Hüls Infracor GmbH und der Volkswagen-Stiftung.

Für die wissenschaftliche Betreuung danke ich Herrn Prof. Dr. K. H. Simmrock. Vor allem aber möchte ich Herrn Prof. Dr. K. H. Simmrock für das Vertrauen danken, mir zusätzlich zu meiner wissenschaftlichen Tätigkeit weitere anspruchsvolle Projektaufgaben zu übertragen. Dies ermöglichte mir, durch die enge Zusammenarbeit eine erstklassige Prozeßsynthese-Ausbildung zu erhalten.

Herrn Dr.-Ing. R. Janowsky, Hüls Infracor GmbH, danke ich dafür, daß er mir für das Projekt „Optimierung des Energieverbunds Werk Marl" zwei wärmetechnische Schlüsselprozesse zur energetischen Analyse und Optimierung anvertraut hat. In diesem Zusammenhang gilt mein besonderer Dank Herrn Dr.-Ing. A. Wolff, ehemals Hüls Infracor GmbH, jetzt Creanova, Inc., für die exzellente Zusammenarbeit und darüber hinaus für die vielen wertvollen Anregungen und Diskussionen, die einen wesentlichen Beitrag zum Gelingen der vorliegenden Arbeit hatten.

Ferner danke ich Herrn Prof. B. Linnhoff, Linnhoff March Limited, Herrn A. Rudman, Linnhoff March Limited, Herrn G. Senkbeil, Hüls Infracor GmbH, und allen anderen Teammitgliedern für die hervorragende Zusammenarbeit bei dem erwähnten Projekt.

Nicht zuletzt gilt mein Dank Herrn Dr.-Ing. G. Schembecker, Herrn Prof. Dr. A. Behr und allen anderen Mitarbeiterinnen und Mitarbeitern des Lehrstuhls für Technische Chemie A für die fruchtbaren Anregungen und Diskussionen sowie den Mitarbeiterinnen und Mitarbeitern der GHN für die zahlreichen Anregungen und die exzellente programmtechnische Unterstützung.

Herrn Prof. Dr.-Ing. H. Schmidt-Traub danke ich für die Übernahme des Korreferats und Herrn Prof. Dr.-Ing. K. Strauß danke ich für die Mitwirkung im Prüfungsausschuß.

Düsseldorf, im März 1999   Michael Nemecek

Inhaltsverzeichnis

0 Zusammenfassung

In dieser Arbeit wird eine Strategie zur Energieintegration chemischer Prozesse, die heuristisch-numerische Energieintegration, sowie deren programmtechnische Umsetzung zu einem Beratungssystem vorgestellt.

Ausgangspunkt ist die Beobachtung, daß mit der in der industriellen Praxis verwendeten Pinch Analyse häufig wesentliche Einsparpotentiale nicht gefunden und nur suboptimale Lösungen erzielt werden. Dies ist vor allem auf zwei Gründe zurückzuführen: Erstens löst die Pinch Analyse nur einen Teil des Gesamtproblems, schwerpunktmäßig versucht sie den realen Heiz- und Kühlbedarf eines Prozesses bis auf bestimmte thermodynamische Grenzwerte zu senken. Zweitens liefert die Pinch Analyse keine konkreten Vorschläge zu Wärmeintegrationsmaßnahmen, lediglich ein Experte wird mit ihrer Hilfe wirklich optimale Lösungen finden.

Der in dieser Arbeit vorgeschlagene Ansatz löst das erste Problem, indem zunächst die Prozeßstruktur optimiert wird und hierdurch die thermodynamischen Grenzwerte minimiert werden. Erst im anschließenden Schritt wird der reale Energiebedarf dann bis auf die so optimierten Grenzwerte gesenkt, soweit es wirtschaftlich sinnvoll ist. Das zweite genannte Problem wird gelöst, indem der Bearbeiter mit einer leitenden Strategie durch den Problemlösungsprozeß geführt wird und an jeder Stelle nachvollziehbare und begründete Vorschläge zur Verfügung gestellt bekommt.

Ausgehend von einem konzeptionellen Verfahrensfließbild wird der Prozeß zunächst wärmetechnisch möglichst flexibel gestaltet. Dann werden die Grenzen ermittelt, innerhalb derer die Betriebsvariablen (Drücke, Temperaturen usw.) der wärmetechnischen Hauptelemente (Stoffaustauschkolonnen und Reaktoren) variiert werden dürfen. Anschließend werden die Betriebsvariablen der wärmetechnischen Hauptelemente heuristisch so festgelegt, daß der mögliche prozeßinterne Wärmeaustausch maximiert wird. Die wärmetechnischen Nebenelemente (z.B. Feedvorwärmer) werden entsprechend den Hauptelementen angepaßt. Durch diese Vorgehensweise werden die thermodynamischen Grenzwerte minimiert. Erst jetzt wird das Wärmeaustauschernetzwerk entwickelt, aus der Pinch Analyse abgeleitete Regeln werden an dieser Stelle verwendet.

Der Ablauf einer vollständigen Energieintegration mit dem entwickelten Beratungssystem wird am Beispiel der Synthese von MTBE vorgestellt.

1 Einleitung

1.1 Ökologischer und ökonomischer Rahmen

Die globale Erwärmung der Erdatmosphäre durch Anreicherung von Kohlendioxid (CO_2), das zu einem großen Teil bei der Energieerzeugung aus fossilen Brennstoffen freigesetzt wird, sowie anderen Treibhausgasen, wie Methan, Distickstoffoxid, HFCs, PFCs und Schwefelhexafluorid, findet derzeit in den Industrieländern große Beachtung. Die Klimapolitik stellt denn auch einen Schwerpunkt internationaler und vor allem deutscher Umweltpolitik dar /BMUN97, BMUN98/.

Im Rahmen der dritten Vertragsstaatenkonferenz der Klimarahmenkonvention 1997 in Kyoto, Japan, wurden die Industrieländer erstmals in rechtsverbindlicher Form zur Reduktion ihrer Treibhausgasemissionen verpflichtet /VSK97/. Demnach muß insgesamt eine Reduktion der oben genannten Treibhausgase um mindestens 5% gegenüber dem Niveau von 1990 bis zum Zeitraum 2008 bis 2012 erreicht werden /VSK97/. Zur Erfüllung dieses Ziels haben die einzelnen Staaten in unterschiedlicher Weise beizutragen /VSK97/. Die Bundesrepublik Deutschland hat eine Vorreiterrolle übernommen /BMUN98/: Die Bundesregierung hat beschlossen, die CO_2-Emissionen in Deutschland bis zum Jahr 2005 um 25% gegenüber dem Jahr 1990 zu senken /BMUN97, BMUN98/.

Der Anteil der deutschen Industrie an den gesamten Treibhausgasemissionen Deutschlands beträgt etwa 30% /BDI98/, so daß auch von der Wirtschaft ein wesentlicher Beitrag zur Minderung des CO_2-Ausstoßes erwartet wird. Um angedrohten fiskalischen und ordnungsrechtlichen Maßnahmen zu entgehen, hat die deutsche Wirtschaft der Bundesregierung in einer Selbstverpflichtung erklärt, ihre spezifischen CO_2-Emissionen bzw. ihren spezifischen Energieverbrauch bis zum Jahr 2005 auf der Basis des Jahres 1990 um 20% zu verringern /BDI96/.

In diesem Zusammenhang hat sich die chemische Industrie als energieintensive Industrie zum Ziel gesetzt, ihre CO_2-Emissionen zwischen 1990 und 2000 um mehr als 30% zu senken trotz eines Produktionsanstiegs im gleichen Zeitraum /VCI96/. Diese Ziele sollen erreicht werden durch Konzentration ihrer Bemühungen, d.h. einen entsprechenden Forschungsaufwand, in den Bereichen /VCI97/:

- Rationelle Energieverwendung in der Produktion
- Rationelle Energieverwendung durch Produkte der Chemie

Der erste Punkt berührt unmittelbar die Belange der Verfahrenstechnik bzw. der Technischen Chemie. Dies wird umso deutlicher, da aus ihm u.a. die folgenden Subziele abgeleitet werden /BMWi95/, die in diesem Zusammenhang auf die Energieintegration der Produktionsprozesse zielen:

- Fortschritte in der Verfahrenstechnik
- Produktionsintegrierter Umweltschutz

Aus der politisch-rechtlichen Umwelt heraus erfolgt also derzeit ein Druck auf die chemische Industrie, die Energieintegration ihrer Prozesse voranzutreiben, was sich in entsprechenden Forschungsaktivitäten niederschlägt. Man kann diesen Effekt auch als einen Ökologie-Push auf Unternehmen und Forschung bezeichnen /Albe92/.

Neben dem Ökologie-Push existiert auch ein Ökologie-Pull aus Unternehmen und Forschung selbst heraus: Die Unternehmen haben zum Teil ein in Marktchancen begründetes Interesse, Lösungen zu Umweltschutzproblemen zu liefern /Albe92/. Bei vielen chemischen Grund- und Zwischenprodukten wird der Wettbewerb über den Preis bestritten. Teilweise haben die Energiekosten einen erheblichen Anteil an den Herstellungskosten. Durch Energiekosteneinsparungen kann in vielen Fällen ein entscheidender Wettbewerbsvorteil erzielt werden, der sich unmittelbar in Marktanteilen niederschlägt. Beispielsweise konnte die Celanese GmbH mit einem Prozeß zur Synthese von i-/n-Butyraldehyd u.a. deswegen erfolgreich ins Lizenzgeschäft eintreten /Kohl98/, weil es durch Wärmeintegrationsmaßnahmen gelang, die Energiekosten von 8,9% der Herstellungskosten auf 1,5% zu senken /Wieb94/.

Zusammenfassend läßt sich festhalten, daß die Energieintegration chemischer Prozesse verstärkt in den Blickwinkel der chemischen Industrie und der Forschung in den Bereichen Technische Chemie und Verfahrenstechnik gerückt ist. Die Ursachen hierfür sind sowohl „von außen" als auch „von innen" heraus begründet.

1.2 Ausgangssituation

Zahlreiche Forschungsgruppen widmen sich dem Forschungsgebiet der Prozeßsynthese seit Beginn der 70er Jahre /Sche98a/, unter anderem die Arbeitsgruppe Prozeßsynthese am Lehrstuhl für Technische Chemie A der Universität Dortmund. Unter der Leitung von Prof. Dr. K. H. Simmrock wurde von dieser Arbeitsgruppe das Konzept der heuristisch-numerischen Prozeßsynthese entwickelt /Kuss86, Erdm86, Erdm87a, Erdm87b, Enge88, Enge89, Simm89a, Simm89b, Simm90, Fund91, Schü93, Wolf94, Sche94b, Sche96a, Sche96b, Sche96c, Sche98a, Sche98b, Sche98c/, in dem sich die derzeitige industrielle Praxis der Entwicklung chemischer Prozesse widerspiegelt /Sche98a/.

Dieser Ansatz wurde programmtechnisch in dem heuristisch-numerischen Beratungssystem PROSYN® (Process Synthesis) umgesetzt. Heuristisch-numerische Systeme stellen eine Erweiterung von rein wissensbasierten Systemen dar /Bonm98/. Sie sind modular aufgebaut und vereinen wissensbasierte Techniken mit numerischen Berechnungen und Datenbanken zu einem flexiblen und „intelligenten" Werkzeug.

Im Rahmen der heuristisch-numerischen Prozeßsynthese liefert die Energieintegration nach der Festlegung der konzeptionellen Reaktions- und Trenntechnik den jüngsten Beitrag, da eine derart umfassende Berücksichtigung der Energieintegration im Programmverbund PROSYN® bislang fehlte.

1.3 Zielsetzung

Ziel dieser Arbeit war es, eine Strategie für die Energieintegration chemischer Prozesse zu entwickeln und programmtechnisch zu einem Beratungssystem umzusetzen. Strategie und Programm sollten sich in die Philosophie der heuristisch-numerischen Prozeßsynthese (vergl. Kapitel 5.5) eingliedern.

Bedingt durch die in Kapitel 1.1 skizzierten Rahmenbedingungen erfolgte diese Arbeit in intensiver Zusammenarbeit mit der Gesellschaft für heuristisch-numerische Beratungssysteme mbH und der Hüls Infracor GmbH. Neben den genannten Unternehmen unterstützte zusätzlich die Volkswagen-Stiftung Teile dieser Arbeit.

2 Bisherige Ansätze zur Energieintegration

In der Literatur findet sich eine Vielzahl von Veröffentlichungen zur Energieintegration chemischer Prozesse. Vergleicht man die methodischen Ansätze, so lassen sich diese in drei Gruppen gliedern:

- Thermodynamische Ansätze
- Heuristische Ansätze
- Mathematische Ansätze

Allerdings sind die ehemals scharf gezogenen Grenzen zwischen den drei Gruppen heute eher fließend: Zu thermodynamischen Ansätzen werden erste mathematische Optimierungsroutinen herangezogen, heuristische Ansätze beinhalten immer mehr Regeln, die sich aus grundlegenden thermodynamischen Berechnungen ableiten lassen und in mathematischen Ansätzen werden verstärkt thermodynamische Grenzen und Heuristiken implementiert.

Die folgenden Kapitel stellen die drei Ansätze vor und bewerten sie im Hinblick auf ihre Anwendbarkeit in der industriellen Praxis.

2.1 Thermodynamische Ansätze

Ziel der thermodynamischen Ansätze zur Energieintegration chemischer Prozesse ist es, die Wärmeströme eines Verfahrens zu analysieren, um daraus Maßnahmen zur optimalen Energieausnutzung abzuleiten. Derzeit werden drei Ansätze unterschieden: die Pinch Analyse, die exergetische Analyse und die exergoökonomische Analyse.

Pinch Analyse

Die Pinch Analyse beruht auf zwei Erkenntnissen der 70er Jahre: Hohmann erkannte, daß bei der Gestaltung von Wärmeaustauschernetzwerken Auslegungsziele („Targets") für Apparateanzahl, Wärmeaustauschflächen und Betriebsmittelbedarf ermittelt werden können, bevor mit der eigentlichen Gestaltung überhaupt begonnen wird /Hohm71/. Die zweite

Erkenntnis betraf die Lokalisierung der Engstelle („Pinch") für Energieeinsparungen in einem Prozeß /Umed78, Linn79a, Linn79b/.

Linnhoff erkannte die volle Bedeutung des Pinches und entwickelte mit seinen Mitarbeitern zunächst bei ICI, dann am UMIST (University of Manchester Institute of Science and Technology) sowie letztlich in seinem Unternehmen Linnhoff March Limited eine als „Pinch Analyse" bekannt gewordene Vorgehensweise zur Energieintegration chemischer Prozesse.

Ursprünglicher Grundgedanke der Pinch Analyse ist es, alle Wärmeströme eines Prozesses in einem Temperatur-Enthalpie-Diagramm aufzutragen und die Ströme mit Kühlbedarf zu einer „heißen" Summenkurve, der „Hot Composite Curve", und die Ströme mit Heizbedarf zu einer „kalten" Summenkurve, der „Cold Composite Curve", zusammenzufassen. Zwei wesentliche Erkenntnisse werden dadurch erlangt: Zum einen läßt sich am oberen bzw. unteren Rand der Summenkurven der thermodynamisch minimal erforderliche, externe Heiz- bzw. Kühlbedarf des Prozesses ablesen. Zum anderen können Regeln für die Plazierung „guter" und für die Vermeidung „schlechter" Wärmeaustauscher abgeleitet werden. Beispielsweise sollten Kopplungen „über den Pinch hinweg" vermieden werden, da sie eine Erhöhung des externen Energiebedarfs zur Folge haben.

Ursprünglich stand bei der Pinch Analyse die Auslegung reiner Wärmeaustauscher-netzwerke im Vordergrund. Man bemühte sich, die energetischen Targets des Prozesses (s.o.) zu ermitteln und Wärmeaustauschernetzwerke zu entwickeln, die die Zielvorgaben möglichst wenig überschritten /Linn78a, Linn78b, Linn79b, Linn83a, Tjoe86, Ahma90, Linn90, Poll90/. Es wurde dann erkannt, daß Möglichkeiten existieren, die entwickelten Netzwerke evolutionär zu vereinfachen und ökonomisch zu verbessern /Linn83a/. Da die so erhaltenen Netzwerke aber teilweise immer noch sehr komplex, unflexibel und störungsanfällig waren, entwarf man spezielle Analyse-Techniken, die die Überprüfung und Verbesserung der Flexibilität ermöglichten /Linn86, Kotj86/. Man erkannte auch, daß man bislang einen wichtigen Schritt vergessen hatte, nämlich die Optimierung der Targets. Methoden wurden publiziert, die sich mit der Festlegung „guter" Betriebsparameter (d.h. Drücke, Temperaturen) von Destillationskolonnen im Hinblick auf möglichst „gute" Targets befaßten /Umed79, Linn83a, Linn83b, Linn84b, Dhol93/. Später wurde die Pinch Analyse dann im Hinblick auf die Auswahl optimaler Betriebsmittel erweitert /Linn82, Linn89, Linn92, Dhol92/, um die Ermittlung ökonomischer Targets ergänzt /Cerd83a, Sabo86a, Sabo86b, Ahma88, Ahma89, Hall90, Ahma91/ und auf das Konzept der Betriebsmittel-Pinche ausgedehnt /Linn94/. Parallel zu diesen Entwicklungen erschienen Veröffentlichungen zu „Spezialfällen": Der Einsatz von Wärmepumpen wurde analysiert /Linn82, Town83a,

Town83b/, Tieftemperaturprozesse behandelt /Linn92, Dhol94/, Zwischenwärme-austauscher in Destillationskolonnen betrachtet /Dhol93/, die Optimierung von Brennöfen einbezogen /Hall94/ usw. Heute ist man vor allem bestrebt, durch die simultane Energieintegration mehrerer Prozesse bzw. ganzer Chemiestandorte einschließlich der Kraftwerke Synergieeffekte auszunutzen und nicht nur die Prozesse, sondern die gesamte Energieinfrastruktur zu optimieren /Dhol92, Skel93, Hui94, Wolf96b, Linn97, Jano98, Rudm98, Wolf98/.

Exergetische Analyse

Die Idee der exergetischen Analyse ist die Untersuchung aller Energie- und Exergieströme innerhalb eines Prozesses. Man will die Stellen identifizieren, an denen Exergieverluste auftreten, sucht die Gründe für die Exergieverluste und versucht Maßnahmen abzuleiten, die die exergetische Effizienz des Prozesses verbessern. Als Kennzahlen zur Beschreibung der exergetischen Effizienz stehen dimensionslose Größen, wie z.b. der exergetische Gütegrad oder der exergetische Wirkungsgrad, zur Verfügung /Schul96, Radg97/. Allerdings kann in der Regel nicht ohne weiteres entschieden werden, welcher Teil der Exergieverluste vermeidbar ist und welcher unvermeidbar /Schul96, Radg97/. Hierfür sind detaillierte Einzeluntersuchungen notwendig.

Prinzipiell beschränkt sich die exergetische Analyse nicht nur auf thermische Effekte: Sämtliche Exergieverluste können identifiziert und in thermische, mechanische, chemische und mischungsbedingte Anteile aufgeteilt werden. Speziell für die Energieintegration, vor allem für die Generierung von Wärmeaustauschernetzwerken, entwickelte eine Gruppe von Wissenschaftlern, z.B. Sama et al., Richtlinien und Regeln (z.B.: „Kopple Ströme mit möglichst gleichem Wert für das Produkt aus Massenstrom und Wärmekapazität." /Sama95a/) und will diese von der Pinch Analyse abgegrenzt wissen /Sama95a, Sama95b/.

Der erfahrene „Process Pincher" ist allerdings erstaunt, daß es sich bei den von Sama et al. vorgeschlagenen Regeln (s.o.) um aus der Pinch Analyse bekannte Empfehlungen handelt. Bei einer konsequenten Umsetzung der Pinch Konzepte ergeben sich die in /Sama95a/ genannten Regeln zwangsläufig. Der u.a. von Sama vertretenen Ansicht, die exergetische Analyse sei ein eigenständiger, von der Pinch Analyse abzugrenzender Ansatz, kann schon allein aus diesem Grund nicht gefolgt werden. Vielmehr wird in dieser Arbeit der Position Linnhoffs /Linn89/ gefolgt und die Pinch Analyse als eine Methode aufgefaßt, die in der exergetischen Analyse begründet ist.

Exergoökonomische Analyse

Eine Gruppe von Wissenschaftlern erweiterte die exergetische Analyse um einen Kosten-ansatz /Tsat96/: Allen Exergieströmen werden proportionale, spezifische „Exergiekosten" zugeordnet. Mit diesen und den exergieunabhängigen Kosten für Investitionen werden „Kostenbilanzen" formuliert und gelöst. Allerdings ist, abgesehen davon, daß bislang keine Regeln zum Abschätzen der Exergiekosten geliefert wurden und der Ansatz somit bisher keinen praktischen Wert hat, ein Unterschied zu einem ökonomisch sowieso gebotenen Grenzkostenansatz kaum zu erkennen.

Zusammenfassend läßt sich sagen, daß mit der Pinch Analyse ein umfassender thermodynamischer, aus der exergetischen Analyse abgeleiteter Ansatz für die Energieintegration chemischer Prozesse zur Verfügung steht.

Allerdings handelt es sich bei der Pinch Analyse eher um ein Analyse-Instrumentarium denn um eine Synthesemethode. Obwohl eine Vielzahl von Literatur zur Pinch Analyse veröffentlicht wurde und unterstützende Software entwickelt wurde (vergl. Kapitel 5.4.1), setzt die erfolgreiche Anwendung der Pinch Analyse auf industrielle Probleme doch langjährige Erfahrung voraus. Dies erklärt auch den großen Erfolg entsprechender Beratungsunternehmen wie Linnhoff March Limited oder der Advanced Process Design Division von Aspen Technology, Inc.

Da aus der Pinch Analyse abgeleitete Zusammenhänge und Regeln in diese Arbeit eingeflossen sind, werden ihre wesentlichen Konzepte in Kapitel 3 vorgestellt.

2.2 Heuristische Ansätze

Heuristische Ansätze haben zum Ziel, die Erfahrung von Experten bei einem Problemlösungsprozeß abzubilden.

Diese Erfahrung wird gesammelt und in geeigneter Form dokumentiert, um sie in späteren Entscheidungssituationen nutzen zu können. Eine Form der Dokumentation ist die Heuristik. Eine Heuristik ist eine Regel der Form: Wenn bestimmte Bedingungen erfüllt sind, dann reagiere wie folgt /Sche98a/. Obwohl der Eindruck entstehen könnte, daß es sich hierbei um eine Art Gesetzmäßigkeit handeln könnte, ist dieser Eindruck doch falsch: Bei der

Anwendung von Heuristiken sollte man immer bedenken, daß die Regeln nur unter der Zusatzbedingung gelten: Wenn nichts anderes dagegen spricht /Sche98a/.

Heuristiken lassen sich idealtypisch in Oberflächenwissen und Tiefenwissen unterteilen. Im Fall von Oberflächenwissen wird eine Art Datenbank mit bekannten Fällen aufgebaut und genutzt, im Fall von Tiefenwissen versucht man, die inneren Zusammenhänge eines Systems zu verstehen und auszuwerten /Sche98a/.

Man findet in der Literatur zur Wärmeintegration eher weniger Oberflächenwissen, meist beinhalten die veröffentlichten Regeln Tiefenwissen. Dies gilt umso mehr, seit die Pinch Analyse (vergl. Kapitel 2.1) entwickelt wurde. In neueren Publikationen zu heuristischen Ansätzen werden fast ausschließlich Regeln aus thermodynamischen Zusammenhängen heraus abgeleitet, so daß eine Zuordnung zu thermodynamischen oder heuristischen Ansätzen nicht eindeutig möglich erscheint. Dabei handelt es sich meist um Regeln für Destillationssequenzen oder für Wärmeaustauschernetzwerke. Da eine intensivere Forschungstätigkeit hinsichtlich der Energieintegration erst vor etwa 25 Jahren begann, wurden bisher erst wenige heuristische Ansätze publiziert /Schü93/.

Eine Methode für die Energieintegration von Destillationssequenzen wurde Ende der 80er Jahre von Meszaros und Fonyo vorgeschlagen. Die Betriebsvariablen der Kolonnen werden heuristisch gewählt, die eigentliche Wärmeintegration wird mit aus der Pinch Analyse abgeleiteten Regeln durchgeführt /Mesz86a, Mesz86b/. Später wurde die Methode noch verfeinert und von der Pinch Analyse gelöst /Mesz87, Mesz88/. Die Strategie kann allerdings nicht als vollständig bezeichnet werden: Die Frage nach den zulässigen Druck- und Temperaturbereichen der Kolonnen wird ignoriert, unscharfe Trennschnitte und azeotropes Verhalten werden nicht behandelt, der unter Umständen sehr wichtige Einsatz von Feedwärmeaustauschern wird nicht erkannt usw.

Ebenfalls Ende der 80er Jahre stellten Isla und Cerdá einen umfassenderen Ansatz für Destillationssequenzen vor /Isla88/. Dabei griffen sie vor allem frühere Arbeiten auf /Andr85a, Andr85b, West85b, Isla87/ und leiteten aus ihnen Regeln ab. Der grundlegende Gedanke der Methode ist, die Kolonne mit der größten Wärmeleistung bei möglichst niedrigem Druck zu fahren und die übrigen Kolonnen möglichst auf dieser zu wärmeintegrierten Destillationssequenzen zu „stapeln" (vergl. auch Kapitel 4). Allerdings orientiert sich dieser Ansatz explizit nur an den Betriebsmittelkosten. Die Investitionskosten werden nur implizit betrachtet, indem die wahrscheinlich teuerste Kolonne, nämlich die Kolonne mit den größten Wärmeleistungen, bei möglichst niedrigem Druck gehalten wird.

Weiterhin gilt auch bei dieser Methode, daß Betriebsgrenzen, Feedwärmeaustauscher-Einsatz, azeotropes Verhalten usw. nicht berücksichtigt werden.

Schüttenhelm griff Anfang der 90er Jahre die beiden oben vorgestellten Ansätze auf und entwickelte für Destillationssequenzen eine erweiterte Methode /Schü93, Sche94a/: Erstmalig wurden Betriebsgrenzen betrachtet, und auch der mögliche Einsatz von Multi-Effekt-Destillationen und komplexen Kolonnenschaltungen wurde berücksichtigt. Allerdings ist auch diese Methode lediglich für nicht-azeotrope Ströme einsetzbar, der Einsatz von Feedwärmeaustauschern kann nicht in Erwägung gezogen werden usw.

Eine weitere Strategie für Destillationssequenzen wurde 1997 von Aly veröffentlicht /Aly97/. Sie berücksichtigt genau wie der Ansatz von Schüttenhelm zum Teil die Modifikation von Betriebsbedingungen. Allerdings fehlt auch hier wieder die Betrachtung von Betriebsgrenzen, Feedwärmeaustauschern usw. Weiterhin wird die Möglichkeit, daß eine Kolonne mit mehr als einer anderen Kolonne verschaltet werden kann, nicht vorgesehen, obwohl dies durchaus eine gängige Praxis darstellt.

Parallel zu den Ansätzen für Destillationssequenzen, bei denen auch die Festlegung der Betriebsparameter (Druck, Temperatur, Rücklaufverhältnis, Wärmeleistung usw.) einbezogen wurde, wurden heuristische Methoden zur Generierung von Wärmeaustauschernetzwerken entwickelt. Diese haben lediglich die Kopplungsauswahl der gegebenen Wärmeströme zum Gegenstand, die Festlegung „guter" Betriebsparameter (Betriebsdrücke, Temperaturniveaus usw.) und eine damit einhergehende Target-Optimierung (vergl. Kapitel 4) wird nicht betrachtet.

Heuristische Ansätze für die Generierung von Wärmeaustauschernetzwerken wurden zumeist aus Erkenntnissen der Pinch Analyse abgeleitet. Nach dem Durchbruch, der durch die Pinch Analyse gelang, wurden von Linnhoff et al. eine Fülle von Heuristiken vorgestellt /Linn82, Linn83a, Linn83b, Town83a, Town83b, Ahma90, Linn90, Smit90, Dhol94/. Einige gehören heute fast schon zur verfahrenstechnischen Grundausbildung und werden in vielen Lehrbüchern, beispielsweise bei /Blaß89/, sowie in Vorlesungen /Schm94/ zitiert.

Diese Heuristiken wurden von einigen Autoren in geschlossene wissensbasierte Strategien überführt. Als Arbeiten dieser Art seien die Ansätze von Grimes et al. /Grim82/ sowie Chen et al. /Chen89/ genannt.

Eine neuerer Ansatz, der sich vollständig aus der Pinch Analyse ableitet, wurde 1996 von Hamed et al. /Hame96/ veröffentlicht. Allerdings ist er sehr rudimentär gehalten, berücksichtigt beispielsweise keine Stromteilungen oder ökonomische Überlegungen usw.

Heuristische Ansätze, die nicht auf der Pinch Analyse beruhen, wurden z.B. von Hartmann und Kaplik /Hart85/ vorgestellt. Sie haben aber heute keine praktische Relevanz. Es hat sich nicht als sinnvoll erwiesen, auf die Erkenntnisse der Pinch Analyse zu verzichten.

Bewertet man den Einsatz von heuristischen Methoden für die Energieintegration chemischer Prozesse, so ist zunächst festzuhalten, daß sie ein geeignetes Mittel darstellen, die nahezu unendliche Alternativenanzahl bei der Energieintegration einzuschränken.

Allerdings existieren bisher keine geschlossenen Regelwerke für die Energieintegration ganzer chemischer Prozesse einschließlich der Anpassung aller relevanten Betriebsparameter der Prozeßelemente. Die publizierten Ansätze behandeln entweder Destillationssequenzen oder lediglich Wärmeaustauschernetzwerke ohne Festlegung der Betriebsparameter. Weiterhin liefern Heuristiken zwar Vorschläge, können diese aber nicht gegeneinander bewerten. Auch können sich unterschiedliche Regeln widersprechen. Beide Tatsachen führen dazu, daß die heuristische Energieintegration für industrielle Verfahren zu einer sehr großen Alternativenzahl führt. Daher erscheint eine ausschließliche Nutzung von Heuristiken für die Energieintegration nicht geeignet.

2.3 Mathematische Ansätze

Ziel aller mathematischen Ansätze ist die Beschreibung sämtlicher relevanten Sachverhalte als mathematisches Gleichungssystem und eine anschließende Lösung des Systems mit einhergehender Minimierung oder Maximierung einer bestimmten Zielgröße.

Als in den 70er Jahren die Leistungsfähigkeit der Computer anstieg, glaubte man, auch das Problem der Energieintegration chemischer Verfahren mittels mathematischer Optimierung lösen zu können /Fern90/. Dabei stand vor allem die Generierung von Wärmeaustauscher-netzwerken im Vordergrund.

Allerdings zeigte sich recht bald, daß die Probleme zu groß und zu komplex waren, um mittels mathematischer Optimierung gelöst werden zu können /Fern90/. Daher ging man dazu über, durch Implementierung von thermodynamischen Konzepten und Heuristiken den Lösungsraum zu verkleinern /Gund88/.

Der erste Durchbruch gelang dann Anfang der 80er Jahre durch Verwendung und Anpassung des aus dem Operations Research stammenden Transportation Model /Cerd83a, Cerd83b/ und des Transshipment Model /Papa83/ für die Zwecke der Netzwerkgenerierung. Das Transportation Model beinhaltet die optimale Verteilung von Ressourcen aus Quellen hin zu Senken. Eine Variation stellt das Transshipment Model dar, bei dem der Ressourcenfluß von Quellen zu Senken über bestimmte Zwischenstufen stattfindet. Die Netzwerkoptimierung wurde dabei ausgehend von einer sogenannten Überstruktur durchgeführt /Flou86/; minimaler Betriebsmittelbedarf und minimale Apparate-anzahl stellten die Zielfunktionen dar.

Diese Forschungen mündeten schließlich in die sogenannten sequentiellen Ansätze mit LP-, MILP- und NLP-Modellen /Flou86, Gund90b/. Beispielsweise ging man so vor, daß zunächst die Betriebsmittelkosten minimiert wurden (LP-Modell), dann wurden Kopplungen entwickelt, die eine möglichst minimale Apparateanzahl gewährleisteten (MILP-Modell), und letztlich wurden für die in den ersten zwei Schritten erzeugte Struktur die Investitionskosten minimiert (NLP-Modell) /Papa83, Flou86, Ciri97/. Ein Beispiel für einen neueren Ansatz dieser Art ist das Extended Vertical MILP Model /Gund97/, welches in einem sequentiellen Rahmen eingebettet wird. Im Kern werden möglichst solche Kopplungen durchgeführt, die eine möglichst optimale Triebkraftausnutzung ermöglichen.

Anfang der 90er Jahre bemühte man sich vor allem um simultane Ansätze mit MINLP-Modellen /Yee90a, Yee90b, Ciri91/. Man versuchte, die einzelnen Subziele bei der Generierung des Wärmeaustauschernetzwerks (Apparateanzahl, Wärmeaustauschfläche und Betriebsmittelbedarf) gleichzeitig zu optimieren und das globale Gesamtkostenminimum zu finden. Auch wurde erkannt, daß eigentlich zur Erzielung des „wahren" Kostenminimums die Netzwerk-Generierung simultan mit der Prozeßsynthese durchgeführt werden müßte /Yee90c, Gross98/. Allerdings stieß man recht schnell an die mathematischen Grenzen dieser Methoden: Numerische Probleme bei der Lösung des MINLP-Problems durch die Existenz von lokalen Optima sowie die kombinatorische Explosion führen dazu, daß es äußerst schwierig ist, Probleme mit 10 - 15 Strömen zu lösen, und unmöglich, Probleme mit mehr als 20 Strömen zu bearbeiten - bei Verzicht auf den Prozeßsynthese-Schritt /Gund97/.

Derzeitiger Stand der Forschung ist folglich neben der Entwicklung besserer Lösungs-algorithmen /Ques93, Ques95, Ryoo95/ die Problemvereinfachung und Problemlösung mit sogenannten intelligenten Strategien.

Beispielsweise versucht man, MINLP-Modelle zu MILP-Modellen zu linearisieren und zu vereinfachen und diese dann zu lösen /Daic94, Gross98/. Ein weiterer Ansatz ist, das MINLP-Modell zunächst mit einem Branch and Bound Algorithmus zu NLP-Modellen zu zerlegen und diese dann ebenfalls durch die Methode des Branch and Bound zu lösen /Zama97/.

In einem anderen Ansatz werden die nichtlinearen Probleme mit „intelligenten" Simulated Annealing Algorithmen kombiniert. Simulated Annealing ist ein auf einer modifizierten Monte Carlo Simulation beruhender Algorithmus, der ursprünglich zur Lösung von Aufgaben in der physikalischen Chemie entwickelt wurde, z.b. zur Berechnung kristallisierender Schmelzen /Metr53, Kirk83/: Indem Zustandsänderungen und nicht Zustände modelliert wurden, gelang es, den Molekülen die Möglichkeit zu geben, Plätze minimaler Energie und nicht Nebengitterplätze mit lokalen Energieminima einzunehmen. Dieses Prinzip, durch Betrachtung von Zustandsänderungen lokale Optima zu umgehen, wurde auf Aufgaben der mathematischen Optimierung übertragen /Kirk83/ und später auch bei der Berechnung von Wärmeaustauschernetzwerken eingesetzt /Dola89, Dola90 Athi96, Niel96, Athi97a, Athi97b/. Aber auch mit diesem Verfahren können derzeit keine industriellen Probleme bearbeitet werden /Niel96/.

Pinch Analyse, heuristische Regeln und mathematische Methoden werden in einem weiteren Ansatz kombiniert: In dem Ansatz von Zhu et al. /Zhu95a, Zhu95b/ werden die aus der Pinch Analyse stammenden Composite Curves (vergl. Kapitel 3.2.1) an solchen Stellen, an denen sich ihr Verlauf sehr stark ändert, in einzelne Blöcke zerlegt. In jedem dieser Blöcke werden die Hot Composite Curve und die Cold Composite Curve durch Geradenabschnitte approximiert. Mit Hilfe von Heuristiken und einem MILP-Modell werden dann für jeden Block kostenoptimale Teilnetze erzeugt.

Zusammenfassend läßt sich für mathematische Ansätze bei der Energieintegration festhalten, daß die Vision erkennbar ist und die derzeitigen intensiven Forschungen auf diesem Gebiet daher verständlich erscheinen. Allerdings ist - zumindest mittelfristig - eine Anwendung auf industrielle Probleme nicht in Sicht /Jezo97/.

3 Stand der Technik

3.1 Übersicht

In Kapitel 2 wurde gezeigt, daß die Pinch Analyse derzeit die einzige industriell einsetzbare Strategie für die Energieintegration chemischer Prozesse ist. Daher wird diese Methode im folgenden näher vorgestellt. Die übrigen in Kapitel 2 aufgeführten Ansätze finden lediglich in Spezialfällen Anwendung.

3.2 Grundkonzepte der Pinch Analyse

Der Grundgedanke der Pinch Analyse ist, alle Prozeßströme eines Verfahrens als Wärmeströme in einem Temperatur-Enthalpie-Diagramm darzustellen (siehe Abbildung 3.1). Für Wärmeströme ohne Phasenübergang läßt sich die Wärmeleistung als

$$Q = m * c_p * (T_{ein} - T_{aus})^1$$

berechnen. Für Wärmeströme mit Phasenübergang gilt analog:

$$Q = m * \Delta h$$

In den nachfolgend vorgestellten Konzepten der Pinch Analyse werden alle Wärmeströme eines Verfahrens in verschiedener Art und Weise verarbeitet, um Schlußfolgerungen hinsichtlich der Energieeinsparungen zuzulassen.

3.2.1 Composite Curves

Die wärmetechnischen Summenkurven eines Prozesses, die Composite Curves /Huan76, Linn82, Fern90/, dienen in erster Linie der Ermittlung des minimalen Heizbedarfs $Q_{h,min}$ und des minimalen Kühlbedarfs $Q_{k,min}$. Diese beiden Kennzahlen geben an, bis auf welche Werte sich der Heizmittel- bzw. Kühlmittelbedarf eines Verfahrens durch das Plazieren geeigneter

---

[1] Eine Zusammenstellung der in dieser Arbeit verwendeten Symbole findet sich in Kapitel 6 „Symbolverzeichnis"

Wärmeaustauscher theoretisch senken lassen kann. $Q_{h,min}$ und $Q_{k,min}$ stellen somit thermodynamische Zielwerte dar, man bezeichnet sie als Hot Target und Cold Target.

Um die Targets zu ermitteln, stellt man alle Wärmeströme eines Prozesses in einem Temperatur-Enthalpie-Diagramm dar. Man addiert dann alle heißen Wärmeströme zur heißen Summenkurve (Hot Composite Curve) und alle kalten Wärmeströme zur kalten Summenkurve (Cold Composite Curve). Die beiden Composite Curves werden so weit entlang der Enthalpie-Achse verschoben, bis eine minimale Temperaturdifferenz ΔT_{min} erreicht wird. Bei ΔT_{min} handelt es sich um diejenige treibende Temperaturdifferenz, bei der ein etwaiger Wärmeaustausch zwischen zwei Strömen gerade noch praktisch durchführbar ist. Man identifiziert auf diese Weise die wärmetechnische Engstelle des Prozesses, den Pinch. Dieser unterteilt das System in zwei Hälften. Am oberen (heißen) Kurvenende läßt sich das Hot Target und am unteren (kalten) Kurvenende das Cold Target ablesen. Abbildung 3.1 zeigt die Composite Curves eines Prozesses.

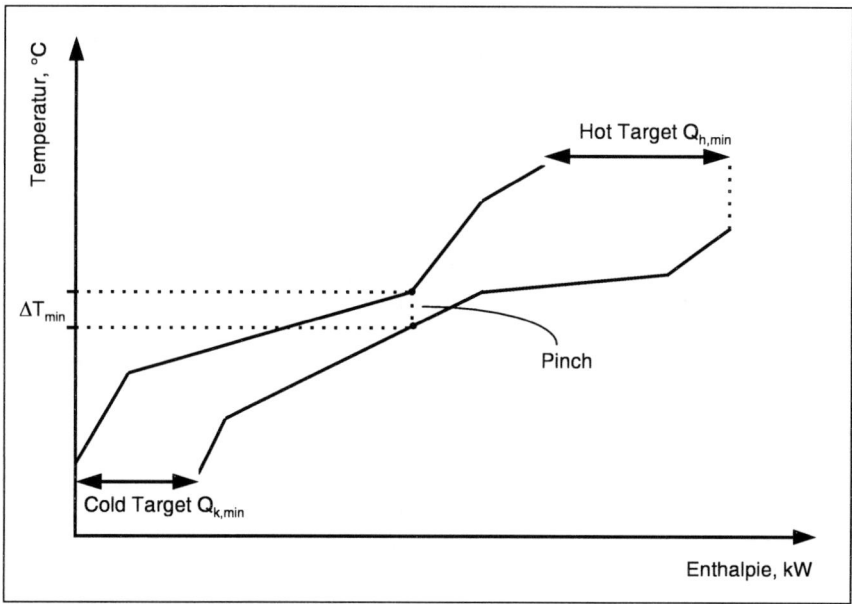

Abbildung 3.1: Composite Curves

Aus den Composite Curves lassen sich ferner Regeln zur Entwicklung des Wärmeaustauschernetzwerks ableiten. Beispielsweise besagt eine Regel, daß ein energetisch

15

optimales Wärmeaustauschernetzwerk nur dann erhalten werden kann, wenn kein Wärme-austausch über den Pinch hinweg durchgeführt wird /Linn94/.

3.2.2 Grand Composite Curve

Abbildung 3.2 zeigt die Grand Composite Curve /Linn82, Fern90/. Um sie zu konstruieren, verschiebt man im Temperatur-Enthalpie-Diagramm die Hot Composite Curve um den Betrag $\frac{1}{2} \Delta T_{min}$ nach unten und die Cold Composite Curve um $\frac{1}{2} \Delta T_{min}$ nach oben, so daß sich die beiden verschobenen Kurven am Pinch berühren. Die horizontalen Differenzen zwischen den beiden verschobenen Kurven überträgt man in ein neues Temperatur-Enthalpie-Diagramm und erhält auf diese Weise die Grand Composite Curve.

Der Hauptverwendungszweck dieser Kurve liegt in der Aufschlüsselung der Targets auf die konkreten Betriebsmittel. Abbildung 3.2 zeigt beispielsweise, daß zwar der Großteil des Hot Targets mit 20 bar Dampf gedeckt werden muß ($Q_{h,min,1}$), ein Teil aber gestattet die Verwendung von 4 bar Dampf ($Q_{h,min,2}$). Das Cold Target $Q_{k,min}$ wird vollständig von Kühlwasser gedeckt.

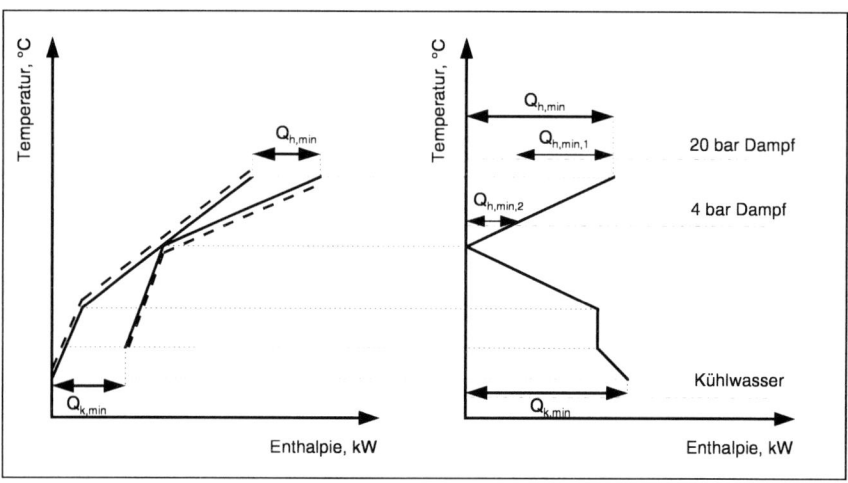

Abbildung 3.2: Konstruktion der Grand Composite Curve

3.2.3 Balanced Composite Curves

Eng verwandt mit den Composite Curves und der Grand Composite Curve sind die Balanced Composite Curves /Linn94, Supe97/. Man erhält sie, indem man die konkreten Utility Targets ($Q_{h,min,1}$, $Q_{h,min,2}$ und $Q_{k,min}$ in Abbildung 3.2) in die Composite Curves implementiert. Die Enthalpiebilanz der Composite Curves wird hierdurch geschlossen.

Mit diesem Konzept lassen sich, wie in Abbildung 3.3 dargestellt, zusätzlich zu dem „echten" Pinch, dem Process Pinch, die Utility Pinches ermitteln. Diese stellen ebenfalls Engstellen des Systems dar, über die keine Wärme hinweg übertragen werden sollte.

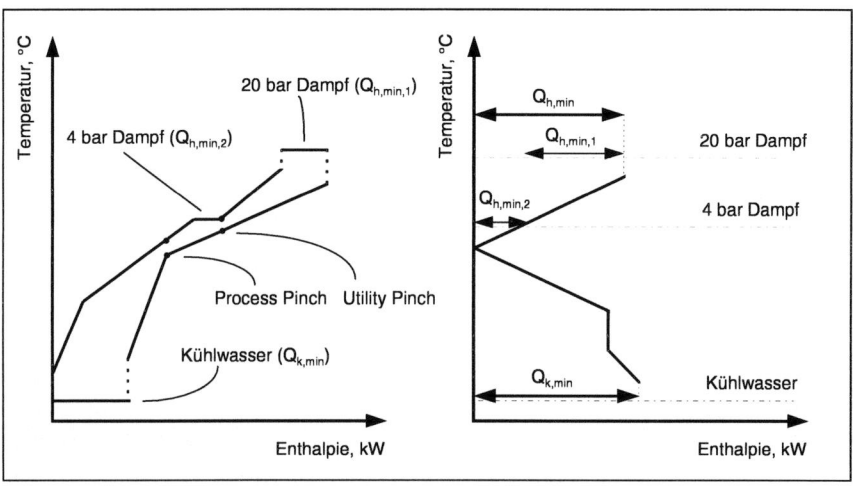

Abbildung 3.3: Konstruktion der Balanced Composite Curves aus der Grand Composite Curve

3.2.4 Plus-/Minus-Principle

Das Konzept innerhalb der Pinch Analyse, mit dem man durch Prozeßmodifikationen versucht, die Targets zu verbessern (also $Q_{h,min}$ und $Q_{k,min}$ zu verringern), ist das Plus-/Minus-Principle /Linn84a, Linn84b, Fern90, Linn94/. Man verwendet dabei die Composite Curves, um kalte Wärmeströme zu identifizieren, die unter den Pinch geschoben werden können bzw. heiße Wärmeströme analog über den Pinch.

Abbildung 3.4 zeigt die Verringerung des Betriebsdrucks einer Kolonne. Durch die Druckverringerung sinken Kondensator- und Verdampfertemperatur. Da der Kondensator bereits vor der Drucksenkung unterhalb des Pinches lag, erhält die Enthalpiebilanz der heißen Ströme unterhalb des Pinches sowohl ein „Minus" als auch ein „Plus". Die Enthalpiebilanz der heißen Ströme oberhalb des Pinches ändert sich nicht. Die Verschiebung des Kondensators hat somit keinen Nettoeffekt. Anders der Verdampfer: Die Enthalpiebilanz der kalten Ströme oberhalb des Pinches erhält ein „Minus", da der Verdampfer unter den Pinch wandert. Gleichzeitig erhält die Bilanz der kalten Ströme unterhalb des Pinches ein „Plus". Insgesamt verringert sich sowohl das Hot Target als auch das Cold Target.

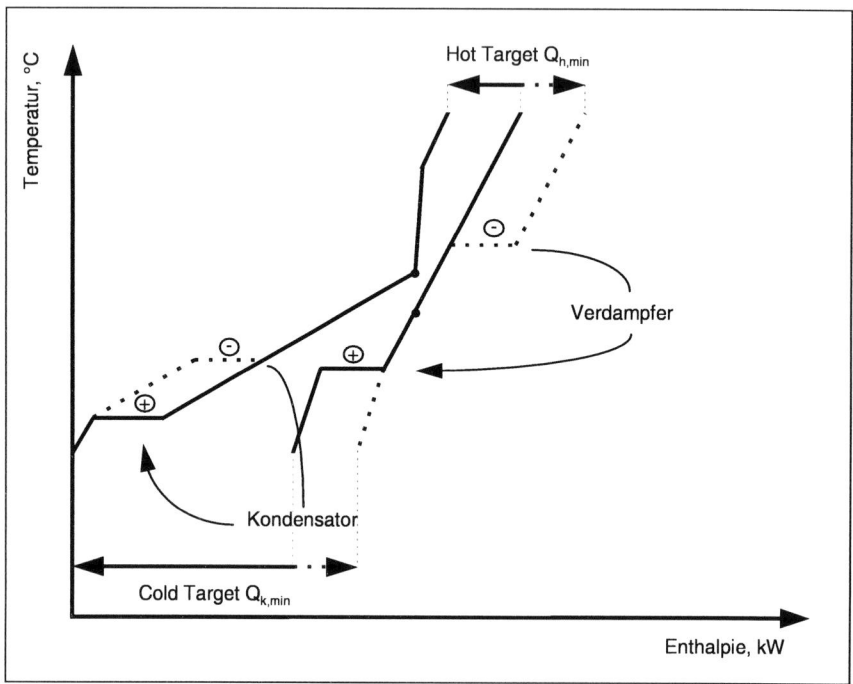

Abbildung 3.4: Plus-/Minus-Principle /Linn94/

3.2.5 Supertargeting

Das Ziel des Supertargeting ist es, vor der eigentlichen Generierung des Wärmeaustauschernetzwerks dessen Gesamtkosten zu schätzen und diese dem Bearbeiter als eine den energetischen Targets überlagerte Zielvorgabe („Supertarget") zur Verfügung zu stellen.

Mit Hilfe des Supertargetings wird versucht, die benötigte Wärmeaustauschfläche des gesamten Prozesses in Abhängigkeit von der minimalen Temperaturdifferenz ΔT_{min} /Ahma90, Linn90/ sowie die benötigte Anzahl der Wärmeaustauscher /Ahma89, Fern90/ abzuschätzen, bevor mit der Auslegung des Wärmeaustauschernetzwerks begonnen wird. Hieraus lassen sich mit entsprechenden Ansätzen für Apparatekosten (z.B. nach /Corr82/ oder /Ulri84/) unter Einbeziehung geeigneter Zuschlagsmethoden, wie dem Faktorverfahren nach Lang /Jung95/, die benötigten Investitionen schätzen.

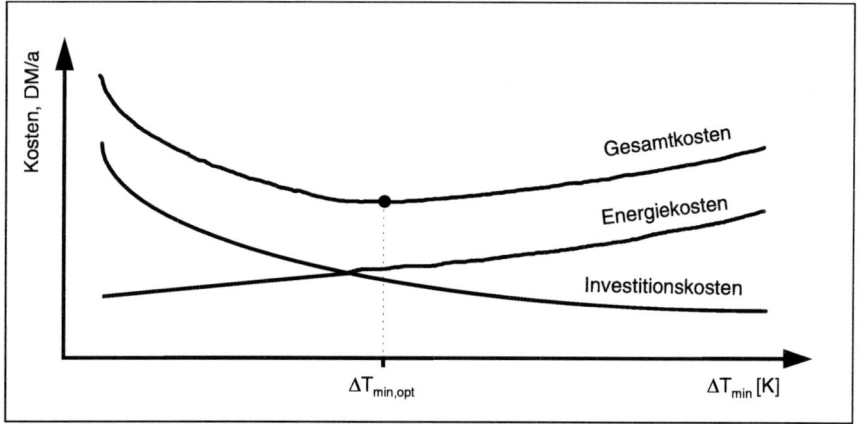

Abbildung 3.5: Auftragung der Investitions-, Energie- und Gesamtkosten über ΔT_{min}

Die Gesamtkosten des Wärmeaustauschernetzwerks als Funktion von ΔT_{min} ergeben sich aus der Summe der Energiekosten und der Abschreibungen auf die für das Wärmeaustauschernetzwerk benötigten Investitionen. Da die Energiekosten eine monoton steigende, die Abschreibungen auf Investitionen aber eine monoton fallende Funktion von ΔT_{min} sind, läßt sich eine optimale minimale Temperaturdifferenz $\Delta T_{min,opt}$ ermitteln: Diese liegt dort, wo die Gesamtkosten minimal sind. Die minimalen Gesamtkosten stellen dann im Verlauf der späteren Entwicklung des Wärmeaustauschernetzwerks eine übergeordnete ökonomische Zielvorgabe (Supertarget) dar. Abbildung 3.5 verdeutlicht diese Ausführungen.

Die mit dieser Methode erzielbaren Ergebnisse erreichen allerdings nicht immer den gewünschten Effekt. Dies liegt daran, daß dem Supertargeting letztlich das Modell der Superströme /Fern90/ zugrunde liegt: Die Composite Curves werden an den Eckpunkten in einzelne Temperaturintervalle unterteilt /Town84/. Jeder dieser Abschnitte wird wie ein einzelner Gegenstromwärmeaustauscher behandelt, in den fiktive Superströme mit der Wärmeleistung des jeweiligen Abschnitts (siehe Abbildung 3.6) eintreten. Die Summe der Wärmeaustauschflächen aller Abschnitte ergibt dann die Austauschfläche des gesamten Prozesses. Teilweise wird dieses Modell weiter verfeinert, es wird beispielsweise versucht, die reale Mantelanzahl von Rohrbündelwärmeaustauschern einzubeziehen /Fern90/.

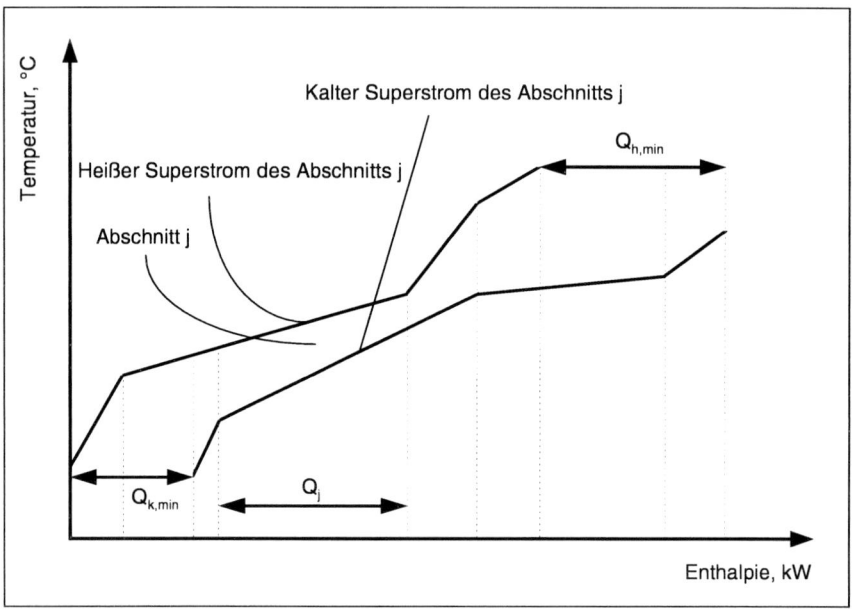

Abbildung 3.6: Modell der Superströme

Zusammenfassend läßt sich sagen, daß das Supertargeting eher qualitative denn quantitative Aussagen zuläßt.

3.2.6 Remaining Problem Analysis

Das Konzept der Remaining Problem Analysis dient zur Untersuchung, wie sich die Targets ändern, wenn konkrete Wärmeaustauscherplazierungen durchgeführt werden /Linn94/. Hierzu vergleicht man die Targets eines Systems vor einer Wärmeaustauscherplazierung mit denen der verbleibenden Ströme nach der Plazierung. Die Abbildung 3.7 (a) zeigt ein Teilsystem oberhalb des Pinches. Die kalte Summenkurve wird aus zwei Strömen C_1 und C_2 mit einer Wärmeleistung von $Q_1 = 1100$ kW und $Q_2 = 200$ kW gebildet, das Hot Target beträgt $Q_{h,min} = 600$ kW. Es ist weiterhin, z.B. aus regelungstechnischen Gründen, eine teilweise Deckung des Wärmebedarfs des Stroms C_1 mit Dampf erforderlich.

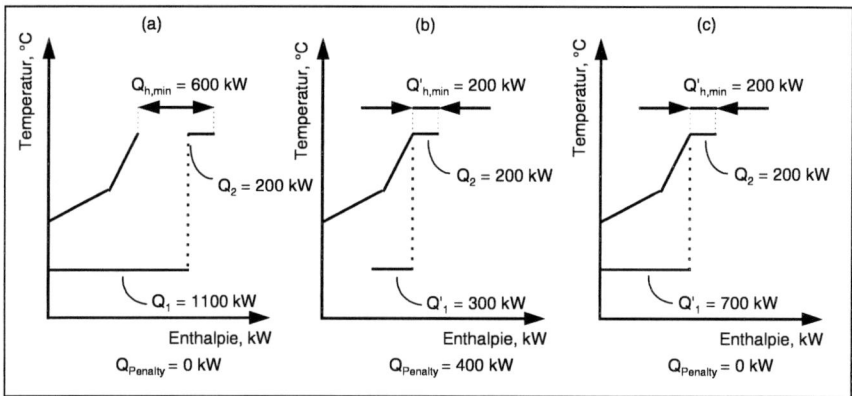

Abbildung 3.7: Remaining Problem Analysis

Setzt man nun einen Wärmeaustauscher mit einer Austauschleistung von z.B. $Q_{Austausch} = 800$ kW zwischen C_1 und Dampf, wird die kalte Summenkurve nach dieser Maßnahme nunmehr aus dem Teilstrom C'_1 mit $Q'_1 = 1100$ kW - 800 kW = 300 kW und C_2 mit $Q_2 = 200$ kW gebildet, das Hot Target beträgt nun $Q'_{h,min} = 200$ kW (Abbildung 3.7 (b)). Obwohl dem System also $Q_{Austausch} = 800$ kW externe Wärmeleistung zugeführt wurde, hat sich das Hot Target nur um $\Delta Q = Q_{h,min} - Q'_{h,min} = 600$ kW - 200 kW = 400 kW verringert. Das bedeutet, daß eine Wärmeleistung von $Q_{Austausch} - \Delta Q = 800$ kW - 400 kW = 400 kW entgegen den Forderungen der Pinch Analyse an Strom C_1 übertragen wird. Es entsteht also ein Penalty von $Q_{Penalty} = 400$ kW.

Richtig im Sinne der Pinch Analyse wäre es, zu prüfen, ob es ausreichend ist, lediglich $Q_{Austausch} = 400$ kW zwischen C_1 und Dampf zu übertragen, wie in Abbildung 3.7 (c) dargestellt ist. Das Hot Target verringert sich in diesem Fall um denselben Wert $\Delta Q = 400$ kW, der Penalty beträgt aber $Q_{Penalty} = 0$ kW.

3.2.7 Balanced Grid Diagram

Unter dem Balanced Grid Diagram versteht man die Darstellung des gesamten Wärmeaustauschernetzwerks in einem Diagramm, bei dem die Wärmeströme als waagerechte Linien und die Wärmeaustauscher als vertikale Verknüpfungen zweier Wärmeströme symbolisiert werden /Linn94/. Dabei werden auch die Betriebsmittel berücksichtigt, das System hat daher einen gedeckten Wärmehaushalt und befindet sich im Gleichgewicht.

Abbildung 3.8 zeigt das Balanced Grid Diagram oberhalb des Pinches für ein kleines System. Durch den Wärmeaustauscher zwischen H_1 und C_1 wird H_1 vollständig auf seine Zieltemperatur gebracht, C_1 hat aber seinen Wärmebedarf noch nicht vollständig gedeckt. Daher ist ein weiterer Wärmeaustauscher zwischen C_1 und Dampf erforderlich.

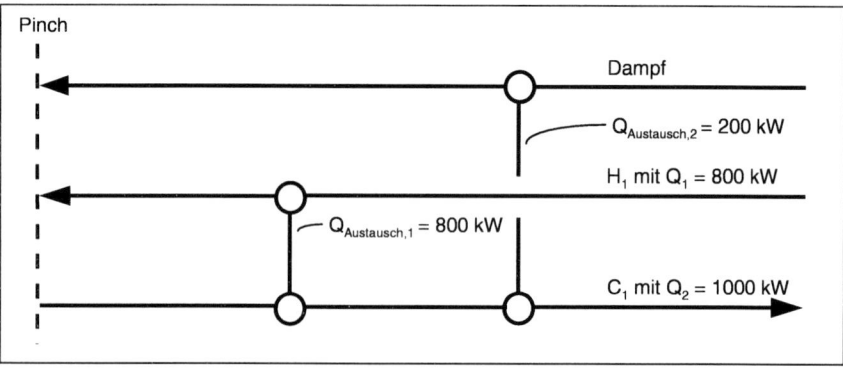

Abbildung 3.8: Balanced Grid Diagram

22

3.3 Energieintegration unter Anwendung der Pinch Analyse

Abbildung 3.9 faßt die auf der Pinch Analyse beruhende Wärmeintegrationsstrategie zusammen /Linn94/:

Als Startpunkt dient ein Verfahrensfließbild mit allen Massen- und Energiebilanzen (Base Case). Die Struktur des Prozesses sowie dessen Parameter wie Kolonnendrücke und Kolonnentemperaturen sind dabei fixiert.

Zunächst werden nun die Composite Curves und die Grand Composite Curve für den Base Case konstruiert. Die Targets des Base Case werden ermittelt und auf die einzelnen Betriebsmittel aufgeschlüsselt. Durch das Supertargeting schätzt man die optimale minimale Temperaturdifferenz $\Delta T_{min,opt}$ ab. Unter Anwendung des Plus-/Minus-Principles versucht man Prozeßmodifikationen aufzufinden. Deren Auswirkungen auf die Targets werden mittels der Grand Composite Curve analysiert und mittels Simulationen auf ihre Realisierbarkeit hin überprüft. Optionen für Betriebsmittel werden getestet. Die Remaining Problem Analysis wird verwendet, um die Auswirkungen konkreter Wärmeaustauscherplazierungen zu untersuchen. Aufbauend auf diesen Targeting-Schritten werden jeweils sukzessive Entscheidungen getroffen für die Wärmeverschaltungen von Hauptapparaten (z.B. Reaktoren und Kolonnen) und für die wichtigsten Betriebsmittelplazierungen (beispielsweise Dampferzeugung mit Rauchgas).

Am Ende dieses iterativen Prozesses, d.h. nachdem die Betriebsparameter überarbeitet und fixiert worden sind und Entscheidungen für die Hauptprozeßelemente getroffen worden sind, werden die noch nicht verschalteten Ströme durch Wärmeaustauscherplazierungen auf ihre Zieltemperaturen gebracht. Dabei darf das Ziel der Gesamtkostenminimierung nicht aus dem Auge verloren werden: Um die Wärmeaustauschfläche des gesamten Prozesses zu minimieren, werden Wärmeaustauscher so plaziert, daß möglichst vertikaler Wärmeaustausch sichergestellt ist (siehe Kapitel 4.5.5.2). Das Balanced Grid Diagram und Regeln, die sich aus der Pinch Analyse ableiten lassen, leisten hierbei Hilfestellung. Als Ergebnis erhält man ein wärmetechnisch optimiertes Verfahrensfließbild.

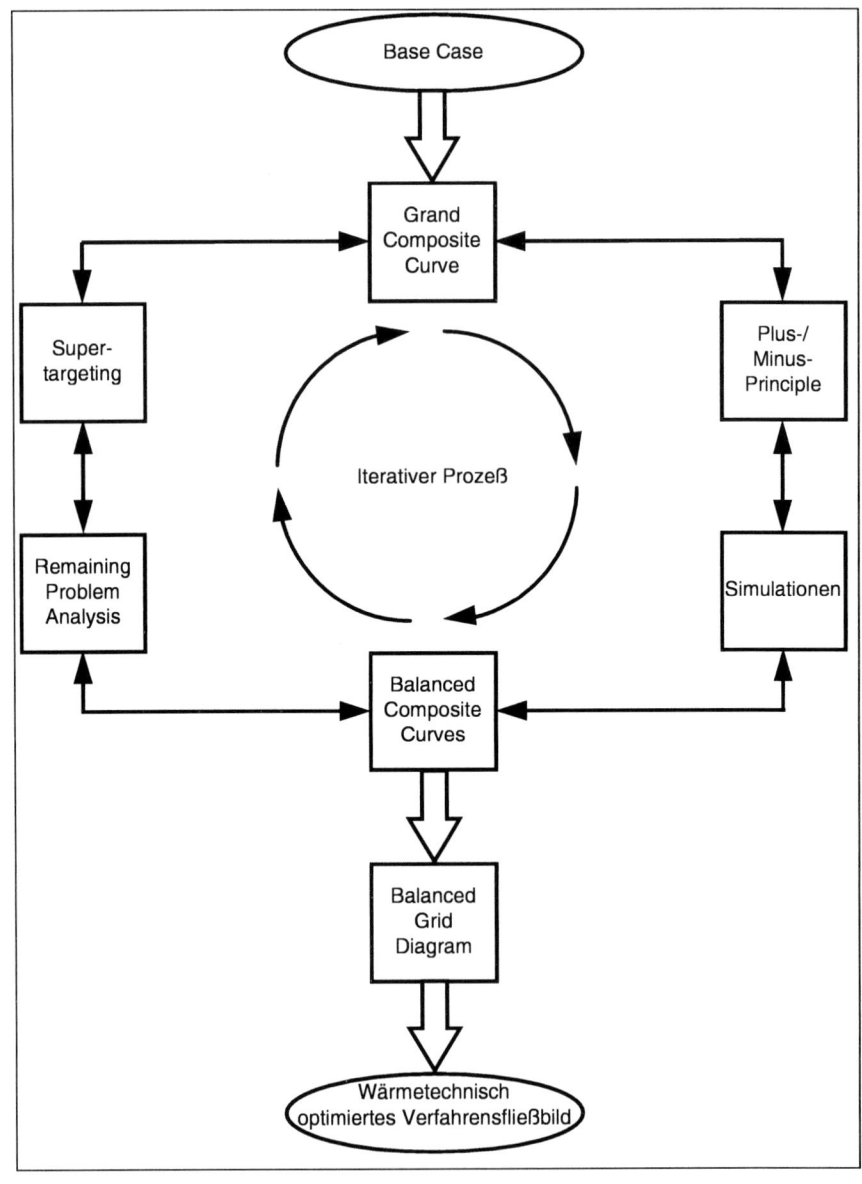

Abbildung 3.9: Wärmeintegration chemischer Prozesse unter Anwendung der Pinch Analyse (nach /Linn94/, modifiziert)

3.4 Stärken/Schwächen-Profil der Pinch Analyse

Vergleicht man die Pinch Analyse mit den übrigen, in Kapitel 2 vorgestellten Ansätzen, fallen folgende Stärken auf:

- **Naturwissenschaftliche Fundierung.** Der gesamte Problemlösungsprozeß unterliegt einer geschlossenen, thermodynamischen Theorie, aus der sich Regeln zum Vorgehen ableiten lassen.

- **Setzen von Zielvorgaben.** Die Pinch Analyse gibt Targets vor, die es zu realisieren gilt. Der Bearbeiter kennt sein Ziel, weiß, ob seine Lösung optimal ist oder nicht und sieht jederzeit, wie weit er vom Optimum entfernt ist.

- **Eindeutige Problemformulierung.** Die Aufgabe ist bei der Pinch Analyse festgelegt: Ausgehend von den gesetzten Targets wird versucht, Wärmeaustauschernetzwerke zu erzeugen, deren Energieverbrauch den Zielvorgaben möglichst nahe kommt und die der Forderung nach Gesamtkostenminimierung genügen.

- **Keine mathematischen Zusatzkenntnisse erforderlich.**

- **Anschaulichkeit.** Alle Konzepte der Pinch Analyse lassen sich durch entsprechende Grafiken visualisieren.

- **Transparenz des Problemlösungsprozesses.** Da der Bearbeiter Entscheidungen sukzessive trifft, kann er jederzeit sagen, warum die jeweiligen Maßnahmen durchgeführt wurden.

- **Einbeziehung des Ingenieurs.** Der Bearbeiter hat in jeder Phase die Kontrolle über den Problemlösungsprozeß. Er kann eigene Ideen einbringen, Vorschläge prüfen und trifft letztlich die Entscheidungen.

- **Kurze Rechenzeiten.**

Neben den genannten Stärken fallen allerdings auch Schwächen auf:

- **Suggestion der falschen Aufgabe.** Wie oben gezeigt wurde, gibt die Pinch Analyse Zielvorgaben vor, die der Bearbeiter durch Integrationsmaßnahmen zu realisieren hat. Diese Targets stellen zweifellos eine große Hilfestellung während des Problemlösungsprozesses dar, führen aber zu dem in Industrie, Forschung und Lehre gleichermaßen häufig zu beobachtenden falschen Verständnis der Pinch Analyse: Es ist *nicht* die primäre Aufgabe des Bearbeiters, diese Targets zu realisieren, dies stellt lediglich eine sekundäre Aufgabe dar. Die primäre Aufgabe ist es vielmehr, die ursprünglich vorgefundenen Targets zu optimieren, d.h. den thermodynamisch bedingten, minimal notwendigen Heiz- und Kühlmittelbedarf des Verfahrens zu minimieren. Erst hierdurch werden die entscheidenden Kosteneinsparungen ermöglicht. Die Pinch Analyse liefert allerdings keinen konkreten Hinweis darauf, in welcher *Weise* und in welchem *Maße* die Targets optimiert werden können. Im Gegenteil, bedingt durch das Vorhandensein der Targets, wird der Hauptaugenmerk des Bearbeiters auf das „griffige", definierte Realisieren der Targets und nicht auf das undefinierte Optimieren der Targets gelenkt.

- **Keine scharfe Trennung zwischen Target-Optimierung und Target-Realisierung.** In Kapitel 3.3 wurde gezeigt, daß die Pinch Analyse ein iterativer Prozeß ist, bei dem erst schrittweise Prozeßmodifikationen durchgeführt und jeweils Wärmeverschaltungen von Hauptapparaten gemacht werden. Lediglich die Generierung des restlichen Wärmeaustauschernetzwerks erfolgt hinterher, die wichtigsten Entscheidungen sind zu diesem Zeitpunkt aber schon gefallen. Dieses Vorgehen führt zwangsläufig dazu, daß der Bearbeiter sich schnell auf seine ersten Ideen zur Target-Optimierung „einschießt" und unmittelbar die Entscheidung trifft, das Potential der jeweiligen Idee zu realisieren (d.h. eine analoge Kopplung wirklich durchzuführen). Das ist verständlich: Dadurch wird das verbleibende Problem schnell verkleinert und überschaubarer gemacht; die Wärmeströme, für die konkrete Integrationsmaßnahmen unternommen wurden, werden ja aus dem offenen Teil des Lösungsraums ausgeschlossen. Der Nachteil ist aber offensichtlich: Es unterbleibt eine systematische, vollständige Target-Optimierung, eine gezielte Untersuchung von Alternativen findet nicht statt, höchstens einige wenige Szenarien werden parallel verfolgt. Eine klar definierte Trennung von Target-Optimierung und Target-Realisierung wäre die Voraussetzung für eine systematische, vollständige Target-Optimierung.

- **Kein geschlossener Ansatz zur Target-Optimierung.** Dieser Punkt geht einher mit dem vorherigen Punkt; eine Trennung von Target-Optimierung und Target-Realisierung wäre die notwendige Voraussetzung für eine ganzheitliche Target-Optimierungsstrategie. Die Pinch Analyse liefert mit dem Plus-/Minus-Principle zwar ein Konzept, mit dem man Ideen zu Prozeßmodifikationen und somit zur Target-Optimierung ableiten kann. Dieses Konzept ist aber lückenhaft: Die Frage, auf welchen konkreten Temperaturniveaus die einzelnen Kolonnen angesiedelt werden sollen, wird ebensowenig beantwortet wie die Frage nach den Betriebsvariablengrenzen. Die Änderung abhängiger Wärmeströme (z.B. in Feedvorwärmern oder Produktkühlern) als Reaktion auf mit Betriebszustandsänderungen von Hauptapparaten einhergehenden Veränderungen unabhängiger Wärmeströme (z.B. Kondensator- und Verdampferwärmen einer Kolonne nach einer Druckänderung) wird nicht berücksichtigt. Eine systematische Verwaltung und Bewertung alternativer Ideen fehlt.

- **Keine Vorschläge.** Die Pinch Analyse stellt dem bearbeitenden Ingenieur Konzepte und Werkzeuge zur Verfügung, mit deren Hilfe er Vorschläge und Ideen umsetzen kann. Konkrete Vorschläge und Empfehlungen („Verschalte Kondensator K der Kolonne 1 mit Reaktorvorwärmer V!") werden aber nicht geliefert.

- **Expertentum erforderlich.** Da sowohl eine geschlossene Strategie zur Target-Optimierung fehlt als auch dem Bearbeiter keine konkreten Kopplungsvorschläge geliefert werden, ist es zwangsläufig erforderlich, daß der Bearbeiter über prozeßtechnisches Expertenwissen verfügen muß. Er muß in der Lage sein, mit Hilfe der vorhandenen Informationen und Werkzeuge die richtigen Schlüsse zu ziehen.

Zusammenfassend läßt sich sagen, daß, bedingt durch ihre strategischen Stärken, die Pinch Analyse den anderen bisherigen Ansätzen überlegen ist. Es fehlt aber ein ganzheitlicher Ansatz zur Optimierung der Zielvorgaben, genauso, wie konkrete Verschaltungsvorschläge nicht geliefert werden. Dies, und das häufig zu beobachtende falsche Verständnis der Pinch Analyse, führt in der Praxis dazu, daß große Potentiale zur Target-Optimierung ungenutzt bleiben. Für Nichtexperten ist die Pinch Analyse daher ungeeignet und führt unter Umständen zu deutlich suboptimalen Lösungen. Aber auch bei der Anwendung durch Experten ist es häufig zu beobachten, daß, bedingt durch Zeitdruck, mangelnde Systematik und unvollständige Strategien, große Teile des Optimierungspotentials nicht gefunden werden.

3.5 Anforderungsprofil für eine heuristisch-numerische Strategie

Aus dem Stärken/Schwächen-Profil der Pinch Analyse ergibt sich unmittelbar das Anforderungsprofil an einen neuen Ansatz: Die strategischen Stärken der Pinch Analyse müssen implementiert und ihre strategischen Schwächen eliminiert werden. Das Anforderungsprofil läßt sich wie folgt charakterisieren:

- **Implementierung der Stärken der Pinch Analyse.** Die im vorherigen Abschnitt dargelegten Stärken der Pinch Analyse müssen alle übernommen werden.

- **Geschlossener Ansatz zur Target-Optimierung.** Es ist aus den in Kapitel 3.4 erläuterten Gründen notwendig, Target-Optimierung und Target-Realisierung zu trennen und, im Gegensatz zur Pinch Analyse, nicht nur für die Target-Realisierung, sondern auch und gerade für die Target-Optimierung eine ganzheitliche Vorgehensweise anzubieten. Diese sollte alle aufkommenden Fragen (z.B. nach konkreten Betriebszuständen oder -grenzen von Hauptapparaten) beantworten, systematisch Alternativen erzeugen, bearbeiten und bewerten und dabei den gesamten zur Verfügung stehenden Lösungsraum durchsuchen.

- **Leitende Strategie und konkrete Vorschläge.** Eine überlagerte Strategie sollte den Bearbeiter leiten, ihm geschlossene Ansätze zur Target-Optimierung und zur Target-Realisierung zur Verfügung stellen und ihm letztlich konkrete Vorschläge sowohl zur Target-Optimierung („Betreibe die Kolonne 1 bei 8 bar und heize ihren Feed auf 160°C vor!") als auch zur Target-Realisierung („Koppele den Produktkühler K mit dem Verdampfer V der Kolonne 1!") liefern.

- **Reduzierung des Expertentums.** Der vorherige Punkt führt in konsequenter Ausprägung zu der Forderung, daß auch ein Ingenieur, der nicht Experte auf dem Gebiet der Energieintegration ist, mit der Strategie zuverlässig arbeiten können muß.

Als Strategie, die dem Anforderungsprofil genügt, bietet sich ein heuristisch-numerisches Lösungsverfahren an: Eine leitende Strategie für die Target-Optimierung und die Target-Realisierung wird vorgegeben. Heuristische Regeln liefern das Erfahrungswissen von Experten und thermodynamische Zusammenhänge. Mit ihrer Hilfe kann der nahezu offene Lösungsraum an den einzelnen Strategiepunkten eingeschränkt werden, und dem Bearbeiter stehen Vorschläge zur Verfügung. Wenn konkrete thermodynamische oder ökonomische Daten zur Entscheidungsfindung oder Bewertung benötigt werden, stehen hierzu numerische Routinen zur Verfügung.

4 Heuristisch-numerische Energieintegration

4.1 Konzept der heuristisch-numerischen Energieintegration

Die Abbildung 4.1 zeigt den in dieser Arbeit vorgeschlagenen Lösungsweg. Als Ausgangssituation für die Energieintegration dient ein konzeptionelles Verfahrensfließbild, welches alle wesentlichen Prozeßelemente und ihre Verbindungen enthält.

Zunächst wird das konzeptionelle Verfahrensfließbild so flexibel wie möglich gestaltet, um die Voraussetzung für eine möglichst weitreichende Optimierung der Targets zu schaffen. Dies geschieht durch die Implementierung von Wärmeaustauschern zwischen den wärmetechnischen Hauptapparaten (Reaktoren, Kolonnen), vor Mischern und gegebenenfalls in Kolonnen. Weiterhin werden Rektifikationskolonnen stand-alone optimiert. Durch diese Maßnahmen wird eine sinnvolle Überstruktur geschaffen, die allerdings im Anschluß an Target-Optimierung und Target-Realisierung gegebenenfalls wieder vereinfacht werden muß. Schließlich wird in diesem Schritt der Base Case definiert. Im nächsten Schritt werden die wärmetechnischen Targets optimiert. Das bedeutet, daß der minimale Heiz- und Kühlbedarf ($Q_{h,min}$ und $Q_{k,min}$) des Prozesses durch geeignete Prozeßmodifikationen minimiert wird. $Q_{h,min}$ und $Q_{k,min}$ sind thermodynamisch definierte Zielvorgaben. Diese Targets unter zusätzlicher Beachtung exergetischer und ökonomischer Zusammenhänge zu optimieren, ist der wesentliche Aspekt der Energieintegration. Nachdem die Targets optimiert worden sind, wird versucht, diese zu realisieren, indem ein kostenoptimales Wärmeaustauschernetzwerk generiert wird; der externe Energiebedarf des Prozesses wird durch prozeßinterne Wärmeaustauscher so weit in die Nähe der Targets gesenkt, wie es wirtschaftlich sinnvoll ist. Im letzten Schritt kann eine evolutionäre Überarbeitung erfolgen. Z.B. für Kolonnen, die nicht in die Wärmeintegration einbezogen wurden, wird geprüft, ob sie durch komplexe Kolonnen oder Multi-Effekt-Destillationen ersetzt werden können oder ob etwa eine Wärmepumpe sinnvoll einzusetzen ist. Weiterhin kann geprüft werden, ob Wärmeaustauscher, die im Rahmen einer flexiblen Prozeßgestaltung eingefügt wurden, eventuell nicht mehr benötigt werden.

Als Ergebnis erhält man ein energieoptimales Verfahrensfließbild, das unter dem Aspekt der Gesamtkostenminimierung wärmeintegriert wurde.

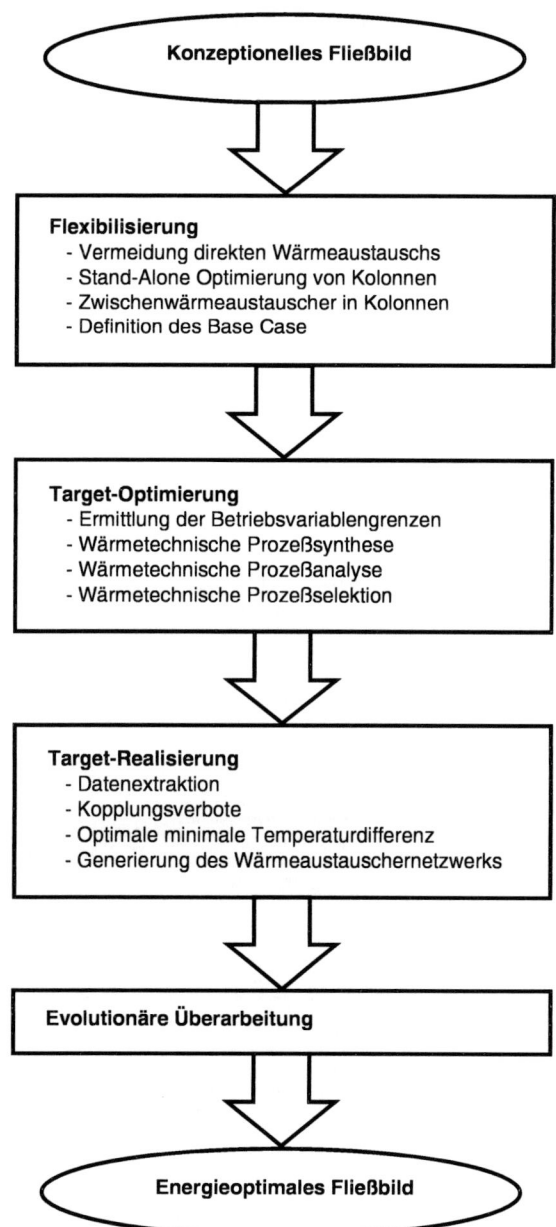

Abbildung 4.1: Heuristisch-numerische Energieintegration

4.2 Das konzeptionelle Verfahrensfließbild

Den Startpunkt der heuristisch-numerischen Energieintegration stellt ein konzeptionelles Verfahrensfließbild dar. Hierunter soll ein Fließbild verstanden werden, bei dem die *konzeptionelle Prozeßstruktur* fixiert ist, nicht aber die *wärmetechnische Prozeßstruktur* (vergl. Glossar).

Während Fragen der *wärmetechnischen Prozeßstruktur* und der *Generierung des Wärmeaustauschernetzwerks* Bestandteil der Energieintegration sind, fallen Fragen der *konzeptionellen Prozeßstruktur* in den Bereich der konzeptionellen Prozeßsynthese. Konzeptionelle Prozeßsynthese und Energieintegration lassen sich zusammen als energie-optimale Prozeßsynthese auffassen. Abbildung 4.2 stellt diese Zusammenhänge dar und verdeutlicht die Stellung des konzeptionellen Fließbilds zwischen konzeptioneller Prozeß-synthese und Energieintegration.

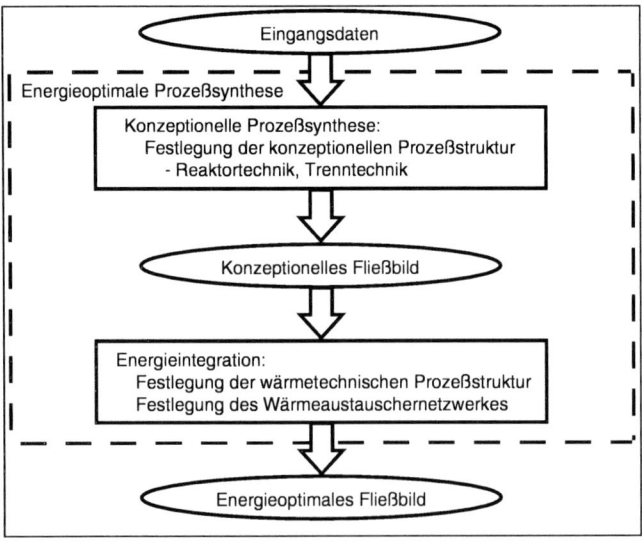

Abbildung 4.2: Das konzeptionelle Fließbild als Bindeglied zwischen konzeptioneller Prozeßsynthese und Energieintegration

4.3 Flexibilisierung des Verfahrensfließbilds unter dem Aspekt des Energiepotentials

Die nun folgenden Überlegungen gelten im Hinblick auf das Energiepotential ohne Berücksichtigung der mit der Realisierung einzusparenden oder zusätzlich aufzubringenden apparativen Aufwendungen.

Das konzeptionelle Fließbild enthält keine Informationen zu konkreten Betriebszuständen der Hauptapparate, wie z.B. zu Betriebsdrücken und -temperaturen. Es läßt daher keine qualitativen und quantitativen Aussagen über Wärmeströme zu. Für die Target-Optimierung ist es aber notwendig, vorläufige Entscheidungen über die Betriebszustände der Hauptapparate zu treffen. Ferner muß entschieden werden, an welchen Stellen überhaupt Wärmeströme auftreten, die für die Wärmeintegration berücksichtigt werden sollen.

Ziel der Flexibilisierung ist es nun, einen Ausgangszustand (Base Case) des Prozesses so zu definieren, daß die Voraussetzungen für eine möglichst weitreichende Target-Optimierung geschaffen werden.

Prinzipiell stehen drei Methoden zur Verfügung, den Prozeß zu flexibilisieren. Es handelt sich um die Vermeidung von direktem Wärmetransport, die Stand-Alone Optimierung von Rektifikationskolonnen sowie den Einsatz von Zwischenwärmeaustauschern in Kolonnen.

4.3.1 Vermeidung von direktem Wärmetransport

Ein Flexibilisierungsziel ist, direkten Wärmetransport (vergl. Glossar; auch als direkter Wärmeaustausch bezeichnet), soweit wie möglich zu vermeiden. Sieht man bereits im Base Case direkten Wärmeaustausch vor, entsteht eine unnötige Beschränkung des Systems. Es kann sinnvoller sein, die so gebundenen, im direkten Wärmeaustausch übertragenen Wärmeströme anderweitig im Prozeß zu verwenden.

Daher wird immer versucht, vor einem direkten Wärmeaustausch durch zusätzliche Wärmeaustauscher die jeweiligen Ströme abzukühlen bzw. aufzuheizen und die im direkten Wärmeaustausch übertragene Wärme zu minimieren. Man verlagert so die Wärme des direkten Austauschs in „vorgelagerte" Wärmeaustauscher. In diesen steht die

31

Austauschwärme der jeweiligen Prozeßströme zur freien Verfügung und kann später beliebig mit anderen Wärmeströmen gekoppelt werden.

Die Minimierung bzw. Vermeidung direkten Wärmeaustauschs sollte vor Kolonnen, Reaktoren, Mischpunkten und für Endproduktströme eines Prozesses vorgesehen werden. Welche Effekte erzielt werden können, soll im folgenden vorgestellt werden.

4.3.1.1 Wärmeaustauscher vor Stoffaustauschkolonnen

Die folgenden Ausführungen entstammen eigenen Untersuchungen. Sie sind lediglich im Hinblick auf Energiepotentiale zu verstehen.

An Feedstellen von Stoffaustauschkolonnen kommt es zu einem direkten Wärmeaustausch zwischen dem jeweiligen Feed sowie den Dampf- und Flüssigkeitsströmen in der Kolonne. Um unnötigen direkten Wärmeaustausch zu vermeiden, sollten die Kolonnenfeeds in der Regel nicht unterkühlt oder überhitzt eingespeist werden. Sinnvoll ist es, die Feeds erst auf den Betriebsdruck der Kolonnen und anschließend auf die Siedetemperatur zu bringen. Durch Anwendung dieser Heuristik gelingt es, den durch die Feedeinspeisung verursachten direkten Wärmeaustausch zu minimieren.

Würde man einen Feed unterkühlt einspeisen, zeigte sich folgender Effekt: Die Erwärmung des Feeds bis zur Siedetemperatur erfolgte in der Kolonne, der entsprechende Wärmestrom müßte im Verdampfer zusätzlich zugeführt werden. Im Verdampfer ist aber ein höheres Temperaturniveau erforderlich, als in einem Feedvorwärmer. Muß die Wärme auf einem höheren Temperaturniveau zugeführt werden, verschenkt man aber Spielraum für die später zu erfolgende Target-Optimierung und die Target-Realisierung. Bei einer überhitzten Einspeisung geschieht es meist, daß die Kondensationswärme des Feeds zum überwiegenden Teil nicht den Heizbedarf der Kolonne senkt, sondern über den Kondensator abgeführt wird; der Heizbedarf der Kolonne verringert sich meist nur zu einem geringen Teil.

Allerdings ist es im Einzelfall möglich, daß sich abweichend von diesem Vorgehen beispielsweise der Gesamtheizbedarf einer Kolonne und ihres Feedvorwärmers durch überhitzte Feedeinspeisung signifikant reduzieren läßt. Ob solche Effekte vorhanden sind und ausgenutzt werden können, sollte im Rahmen der Stand-Alone Optimierung von Destillationskolonnen überprüft werden.

Konkret bedeutet das Prinzip der Vermeidung von direktem Wärmeaustausch für Kolonnen:

Ist der Feed einer Kolonne flüssig und hat einen niedrigeren Druck als die Kolonne, wird der Feed erst durch eine Pumpe auf einen Druck gebracht, der etwas höher ist als der Betriebsdruck der Kolonne; erst anschließend wird der Feed durch einen Wärmeaustauscher auf seine Siedetemperatur vorgewärmt. Dabei ist zu beachten, daß zwischen Feed und Kolonne ein ausreichend hohes treibendes Druckgefälle vorhanden ist, der Druckverlust im Wärmeaustauscher muß also berücksichtigt werden.

Ist der Feed einer Kolonne flüssig und hat einen höheren Druck als die Kolonne, wird der Feed erst durch eine Drossel entspannt und anschließend in einem Wärmeaustauscher auf seine Siedetemperatur gebracht. Der Wärmeaustauscher sollte generell hinter der Drossel angeordnet sein: Nach der Drosselung kann es häufig geschehen, daß es zu einer teilweisen Verdampfung kommt. In diesem Fall wird sich der Wärmeübergangskoeffizient des Feeds durch die dabei entstehenden Verwirbelungen erhöhen. Diesen Effekt sollte man nutzen, indem man vor dem Wärmeaustauscher drosselt und so dessen Fläche minimiert.

Ist der Feed einer Kolonne dampfförmig oder teilweise dampfförmig, läßt sich aber nach einer Drosselung auf den Zieldruck durch Kühlung kondensieren, sollte man die Kondensationswärme vor der Kolonne gewinnen. D.h. man sollte nicht dampfförmig in die Kolonne einspeisen, sondern auf den Zieldruck drosseln und den Feed in einem Wärmeaustauscher anschließend kondensieren.

Ist der Feed einer Kolonne gasförmig (z.B. der Feed einer Waschkolonne), wird dieser gedrosselt und dann durch einen Wärmeaustauscher auf eine an der Feedstelle herrschende Temperatur gekühlt. Da der Wärmeübergangskoeffizient eines Gasstroms klein ist, muß später bei der Target-Realisierung sorgfältig geprüft werden, ob diese Maßnahme ökonomisch sinnvoll im Wärmeaustauschernetzwerk genutzt werden kann oder ob nicht besser darauf verzichtet werden sollte. Weiterhin sollte man beim Vorhandensein gasförmiger Ströme in einer Kolonnensequenz (z.B. zwei hintereinander geschaltete Waschkolonnen) Sorge tragen, daß in diesen Kolonnen ein Druckgefälle herrscht, so daß man teure Kompressoren für die Feeds vermeidet. Handelt es sich bei einer Kolonne um eine Quench-Kolonne, deren Aufgabe es ist, den Feed möglichst schnell abzukühlen, um unerwünschte Reaktionen zu unterdrücken, wird allerdings auf den Wärmeaustauscher in der Regel verzichtet. Durch diesen zusätzlichen Apparat, der eine gewisse Verweilzeit für den Feed bedeutet, kann es geschehen, daß die gewünschten Produkte im Wärmeaustauscher weiterreagieren und die Selektivität verschlechtern. Allerdings existieren spezielle Wärmeaustauscherbauarten mit extrem niedrigen Verweilzeiten, die im Einzelfall für solche Fälle verwendet werden können.

4.3.1.2 Wärmeaustauscher vor Reaktoren

Feeds von Reaktoren werden erst auf den Reaktordruck gebracht und anschließend auf die Reaktortemperatur oder die gewünschte Reaktionsanspringtemperatur. Speist man beispielsweise eine exotherme, isotherm geführte Reaktion, die bei 180°C abläuft, nicht mit unterkühltem Feed (z.B. 100°C), sondern mit auf Reaktionstemperatur vorgewärmtem Feed, gewinnt man wärmetechnisches Potential. Dieses ist durch den Wärmestrom gekennzeichnet, der zur Feedvorwärmung benötigt wird. Näherungsweise um den gleichen Betrag wird sich nämlich die am Reaktor freiwerdende Wärme erhöhen. Man führt also im Vorwärmer einen Wärmestrom in dem Temperaturbereich 100°C bis 180°C zu und kann den gleichen Wärmestrom im Reaktor bei konstanten 180°C entnehmen und so bei später erfolgenden Wärmeverschaltungen besser nutzen. Die dargestellte Vorgehensweise setzt allerdings voraus, daß sicherheitstechnisch keine Bedenken bezüglich einer weitergehenden Feedvorwärmung bestehen.

4.3.1.3 Wärmeaustauscher vor Mischpunkten

Oft werden in einem Prozeß an diversen Stellen Ströme vermischt. Dies kommt zum Beispiel dann vor, wenn Recyclingströme vor einen Reaktor oder eine Kolonne zurückgeführt werden. Alle in diese Mischpunkte geführten Ströme sollten mit einem Wärmeaustauscher versehen werden und auf eine im Mischpunkt gewünschte Temperatur abgekühlt oder aufgeheizt werden. Die Wärmeaustauscher sollten auch dann vorgesehen werden, wenn die zu mischenden Ströme im Base Case die gleiche Temperatur haben. Denn es ist möglich, daß sich im Rahmen der Target-Optimierung die Temperaturen der einzelnen Ströme ändern. Existiert etwa eine Vermischung von Kopfprodukten zweier Kolonnen, die im Base Case bei gleicher Temperatur betrieben werden, liegt noch kein signifikanter direkter Wärmeaustausch vor. Führt man aber während der Target-Optimierung eine Druckerhöhung einer der beiden Kolonnen durch, würde man ohne vorgeschalteten Wärmeaustauscher direkten Wärmeaustausch im Mischpunkt erhalten und wärmetechnisches Potential verlieren.

4.3.1.4 Wärmeaustauscher für End- und Abfallprodukte

Die in einem Prozeß hergestellten Endprodukte und anfallenden Abfallprodukte werden meistens erst im Tank gegen die Atmosphäre endgültig abgekühlt; die Tankeingangstemperatur ist oftmals höher als die Lagertemperatur. Auch hierdurch kann Potential verloren gehen. Im Base Case sollten auch für die End- und Abfallprodukte Wärmeaustauscher vorgesehen werden.

4.3.2 Stand-Alone Optimierung von Destillationskolonnen

Während der Flexibilisierung kann nicht endgültig entschieden werden, welches die optimalen Betriebsparameter (Betriebsdruck, Anzahl der theoretischen Trennstufen, Rücklaufverhältnis, Feedzulaufböden usw.) für eine Kolonne sind. Diese Parameter werden erst in der Target-Optimierung abschließend festgelegt.

Da stets die Regel gilt, daß das Gesamtoptimum eines Prozesses nicht aus der Summe der Einzeloptima der Prozeßelemente besteht /Simm94/, ist es nicht sinnvoll, während der Flexibilisierung eine wirkliche Optimierung der einzelnen Kolonnen zu betreiben. Andererseits wird man ein globales Gesamtoptimum eines Prozesses nicht erhalten können, wenn man bereits für den Base Case wirtschaftlich unsinnige Entscheidungen unwiderruflich trifft. Zum Beispiel ist ein gesamtoptimales Fließbild, das Kolonnen enthält, die unnötigerweise bei sehr hohem Rücklaufverhältnis betrieben werden, kaum vorstellbar.

4.3.2.1 Heuristische Optimierung

Diese Methode ist beispielsweise anwendbar für Rektifikationskolonnen. Ansatzpunkt der Überlegung ist dort, daß ein wirtschaftlich sinnvolles Rücklaufverhältnis von Rektifikationskolonnen erfahrungsgemäß ein Wert ist, der etwa 10% über dem minimalen Rücklaufverhältnis liegt /Wein94/.

Im ersten Schritt wird daher das minimale Rücklaufverhältnis für nichtideale Systeme näherungsweise ermittelt, wie im folgenden beschrieben wird; für ideale Systeme können gängige Berechnungsmethoden verwendet werden.

Man simuliert die Kolonne mit einer beliebigen, aber relativ hohen Trennstufenzahl (z.B. n = 80). Dabei werden die Trennspezifikationen der Kolonne (z.B. Reinheitsanforderungen oder Wiederfindungsraten) vorgegeben, und man ermittelt das für die Trennaufgabe benötigte Rücklaufverhältnis. Die flüssig siedenden Feeds (siehe Kapitel 4.3.1.1) werden dabei jeweils auf der Stufe zugeführt, die der Feedtemperatur am nächsten kommt. Dadurch wird erreicht, daß die Einspeisung auf einer Stufe mit möglichst gleicher Zusammensetzung erfolgt und der direkte Wärmeaustausch minimiert wird.

Anschließend erhöht man die Trennstufenzahl sukzessive (z.B. um n = 10) und ermittelt wieder das dazugehörende Rücklaufverhältnis. Wenn bei einer Vergrößerung der Stufenzahl keine signifikante Verkleinerung des Rücklaufverhältnisses mehr auftritt (bei gleicher Trennaufgabe), ist das minimale Rücklaufverhältnis näherungsweise erreicht.

Nun wird ein 10% über dem minimalen Wert liegendes Rücklaufverhältnis für die Kolonne fixiert und man ermittelt die Trennstufenzahl, bei der die Trennaufgabe gerade noch erfüllt werden kann.

4.3.2.2 Optimierung mit Sensitivitätsanalysen

Der jeweilige Apparat wird mit einem Prozeßsimulator mit zunächst beliebigen Parametern simuliert. Weiterhin benötigt man eine Gesamtkostenfunktion für den Apparat. Bei Verwendung des Prozeßsimulators ASPEN Plus /ASPE94a/ kann man beispielsweise die implementierte Kostenrechnung nutzen /ASPE94b/.

Beispielsweise werden als exogene Variablen für das Kolonnenmodell die Trennstufenzahl, das Rücklaufverhältnis sowie die Feedzulaufböden gewählt und zunächst beliebige Werte vorgegeben. Die Feedzuläufe erfolgen flüssig siedend auf Böden möglichst gleicher Temperatur. Da die Trennaufgabe (z.B. Wiederfindungsrate einer Komponente) festgelegt ist, rechnet der Prozeßsimulator den Kopf- und Sumpfmassenstrom so aus, daß die Trennaufgabe gelöst werden kann.

Dann werden die exogenen Variablen innerhalb eines sinnvoll erscheinenden Bereichs und mit einer angemessenen Schrittweite variiert. Für alle so entstehenden Kombinationen wird die Kolonne simuliert. Für diejenigen Variablenkombinationen, für die die Trennaufgabe lösbar ist, werden die Gesamtkosten berechnet. Die Parameterkombination, die die niedrigsten Gesamtkosten hat, wird dann für den Base Case festgelegt.

Dieses Vorgehen kann speziell für Rektifikationskolonnen noch erweitert werden: Als zusätzliche exogene Variablen werden die Feedzulauftemperaturen eingeführt und ebenfalls in einem sinnvoll erscheinenden Bereich variiert. Man löst sich also von der Heuristik, die Feeds prinzipiell flüssig siedend einzuspeisen. In die Kostenrechnung müssen dann die Investitionen für den Feedvorwärmer sowie die Kosten des für den Feedvorwärmer benötigten Betriebsmittels zusätzlich einbezogen werden. Auf diese Weise können beispielsweise Fälle identifiziert werden, in denen es günstiger ist, den Feed schon im Vorwärmer teilweise zu verdampfen.

4.3.3 Zwischenwärmeaustauscher in Stoffaustauschkolonnen

Zwischenwärmeaustauscher in Kolonnen dienen dazu, entweder einen Teil des Heizbedarfs einer Kolonne auf einem niedrigeren Temperaturniveau als der Sumpftemperatur zuzuführen oder einen Teil des Kühlbedarfs der Kolonne auf einem höheren Temperaturniveau als der Kopftemperatur abzuführen.

Während Zwischenwärmeaustauscher in Raffinerien häufig verwendet werden /Huan76/, ist ihr Einsatz in der chemischen Industrie noch sehr selten. Vereinzelt werden in chemischen Prozessen Zwischenverdampfer verwendet, um den Einsatz von Mitteldruckdampf in Sumpfverdampfern teilweise durch Niederdruckdampf zu ersetzen. Analysen haben gezeigt, daß das Problem, bei der Berücksichtigung von Zwischenverdampfern auf signifikant niedrigerem Temperaturniveau als der Sumpftemperatur, ist, daß bei den meisten Kolonnen folgender Effekt auftritt: Der Großteil der im Zwischenverdampfer zugeführten Wärme verringert den Sumpfheizbedarf nur unwesentlich, der Großteil der Wärme wird über den Kopfkondensator abgeführt.

Eine Möglichkeit, den Einsatz von Zwischenwärmeaustauschern abzuschätzen und zu beurteilen, beruht auf dem Konzept der reversiblen Rektifikation und den daraus berechenbaren Column Grand Composite Curves /Dhol93/. Eine andere Möglichkeit besteht darin, den Einsatz mit Simulationsrechnungen schlicht durchzuprobieren.

Bei beiden Vorgehensweisen handelt es sich um numerische Vorgehensweisen, entsprechende Heuristiken finden sich in der Literatur nicht. Eigene Analysen haben gezeigt, daß die Möglichkeit des Einsatzes von Zwischenwärmeaustauschern durch die Thermodynamik des jeweiligen Stoffgemischs bestimmt wird und sich Heuristiken kaum ableiten lassen.

4.3.4 Definition des Ausgangszustands (Base Case)

Für diejenigen Prozeßelemente, für die noch keine Entscheidungen über erste Betriebsparameter getroffen wurden, d.h. beispielsweise eventuell vorhandene Extraktionen, Absorptionen, Adsorptionen usw., müssen entsprechende Festlegungen erfolgen. Da die Kernelemente der Energieintegration in der Regel die wärmeintensiven sind (Reaktoren, Kolonnen und Wärmeaustauscher einschließlich Verdampfern und Kondensatoren), leistet die heuristisch-numerische Energieintegration keine Hilfestellung bei der Festlegung der Betriebszustände der übrigen Elemente.

Wenn alle Betriebsparameter aller Prozeßelemente vorläufig festgelegt sind, wird das gesamte Verfahren mit einem Prozeßsimulator simuliert. Dies geschieht aus zwei Gründen: Erstens wird der Prozeß so auf seine Realisierbarkeit hin geprüft. Zweitens ist es für die Target-Optimierung und die Target-Realisierung notwendig, erste quantitative Aussagen über die Temperaturen und Wärmeleistungen der Wärmeströme des Base Case machen zu können. Am Ende der Flexibilisierung steht also ein simuliertes Verfahrensfließbild, das möglichst maximales wärmetechnisches Potential beinhaltet.

4.4 Optimierung der Zielvorgaben (Targets) des Ausgangszustands

Mit Hilfe des Konzepts der Composite Curves (siehe Kapitel 3.2.1) lassen sich der minimale Heizbedarf $Q_{h,min}$ und der minimale Kühlbedarf $Q_{k,min}$ des Base Cases bestimmen. Bevor mit der eigentlichen Wärmeverschaltung begonnen wird, muß versucht werden, durch geeignete Modifikationen der wärmetechnischen Prozeßstruktur die beiden Targets $Q_{h,min}$ und $Q_{k,min}$ zu optimieren. Die Abbildung 4.3 stellt die Composite Curves eines Prozesses vor und nach der Target-Optimierung dar. Man erkennt die für einen nichtoptimierten Base Case typischen, auseinanderlaufenden Summenkurven mit entsprechend großen Targets. Durch die Optimierung versucht man, möglichst eng aneinanderliegende Composite Curves zu erhalten. Ein solcher Kurvenverlauf erlaubt verbesserten prozeßinternen Wärmeaustausch.

Eine rein energetische Perspektive, wie sie die beiden Targets vermitteln, ist dabei allerdings nicht ausreichend. Auch eine exergetische Betrachtung ist nötig. Es kann durchaus vorkommen, daß zwei Prozeßstrukturen die gleichen Targets haben, also energetisch gesehen gleichwertig sind, aber bei einer der beiden Varianten z.B. 90% des externen Heizbedarfs (des Hot Targets) durch Hochdruckdampf gedeckt werden muß, bei der

Alternative aber nur 50%. Die zweite Prozeßstruktur wäre also exergetisch gesehen günstiger.

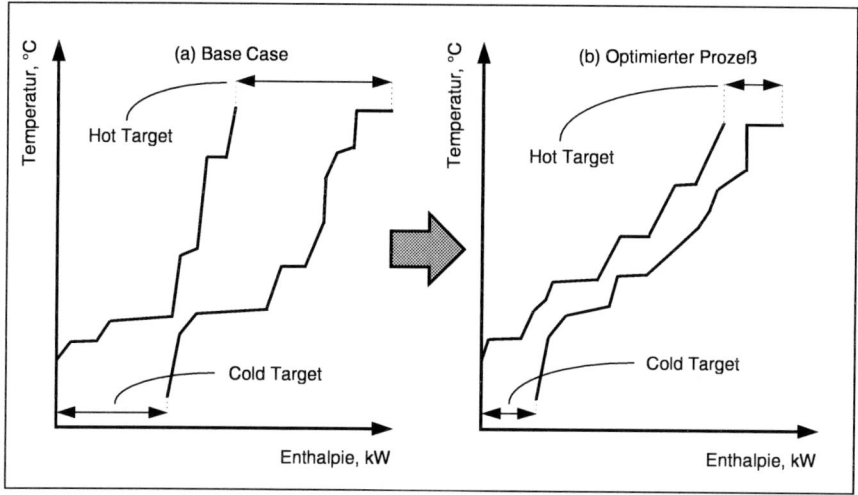

Abbildung 4.3: Composite Curves vor und nach der Target-Optimierung

Letztlich müssen natürlich neben energetischen und exergetischen Aspekten auch ökonomische Zusammenhänge (Aspekte der Umwelt, Anlagenkosten usw.) berücksichtigt werden: Die Targets zu optimieren bedeutet, sie nur soweit zu minimieren, wie dies wirtschaftlich sinnvoll ist.

Die Target-Optimierung gliedert sich in vier Schritte: Die Ermittlung der Betriebsvariablengrenzen, die wärmetechnische Prozeßsynthese, die wärmetechnische Prozeßanalyse sowie die wärmetechnische Prozeßselektion.

4.4.1 Aufgabenskizzierung

Ein verfahrenstechnischer Prozeß stellt ein komplexes System dar. Die einzelnen Systemelemente werden durch eine Vielzahl von Parametern charakterisiert und sind stofflich und energetisch gekoppelt; eine gewisse Anzahl von Rückführungen wird dabei in den allermeisten Fällen vorhanden sein. Die Änderung eines Parameters eines Elementes kann dadurch Auswirkungen auf andere Prozeßelemente haben, im Extremfall auf das gesamte System. Aus der komplexen Struktur eines Prozesses folgt, daß eine nahezu unendliche Anzahl von Parameterkombinationen existiert. Die Lösungsfindung gestaltet sich damit schwierig. Als Problemlösungsstrategie wird daher vorgeschlagen, in vier Schritten vorzugehen.

Im ersten Schritt, der *Ermittlung der Betriebsvariablengrenzen*, werden für die *wärmetechnischen Hauptelemente* (vergl. Glossar) die Grenzen ermittelt, innerhalb derer die Betriebsvariablen überhaupt verändert werden können.

Im zweiten Schritt, der *wärmetechnischen Prozeßsynthese*, werden unter Anwendung geeigneter Heuristiken möglichst sinnvolle, d.h. bezüglich der Targets optimale Betriebszustände für die *wärmetechnischen Hauptelemente* gewählt. Damit werden die wichtigsten Entscheidungen für die wärmetechnische Prozeßstruktur getroffen.

Im dritten Schritt, der *wärmetechnischen Prozeßanalyse,* werden dann die *wärmetechnischen Nebenelemente* (vergl. Glossar) angepaßt. Die Auswirkungen der im zweiten Schritt getroffenen Entscheidungen werden, bezogen auf das gesamte System, analysiert, und gegebenenfalls werden notwendige Korrekturen vorgenommen. In diesem Schritt wird die gesamte wärmetechnische Prozeßstruktur festgelegt.

Da im zweiten und dritten Schritt gewisse vereinfachende Annahmen und Näherungen getroffen werden (siehe Kapitel 4.4.3 und Kapitel 4.4.4), muß letztlich im vierten Schritt eine Anpassung der wärmetechnischen Prozeßstruktur an die realen Gegebenheiten erfolgen. Falls mehrere Szenarien bis hierher verfolgt wurden, muß an dieser Stelle die endgültige Entscheidung über die reale wärmetechnische Prozeßstruktur getroffen werden. Der Schritt wird *wärmetechnische Prozeßselektion* genannt.

4.4.2 Ermittlung der Betriebsvariablengrenzen

Nach /Schü93/ bzw. /Gott98/ wird vorgeschlagen, zur Ermittlung der Betriebsvariablengrenzen zunächst die limitierenden Temperaturen zu berechnen und hieraus auf die korrespondierenden Drücke zu schließen. Diese Strategie soll im wesentlichen hier beibehalten werden; die Ermittlung einzelner Werte erfolgt allerdings modifiziert.

4.4.2.1 Destillationskolonnen

4.4.2.1.1 Minimale Kopftemperatur

Die minimale Kopftemperatur wird durch die niedrigste zur Verfügung stehende Kühlmitteltemperatur, durch die Vermeidung fester Ablagerungen und durch den minimal zulässigen Apparatedruck bestimmt /Schü93/. Dazu werden folgende Werte verglichen:

- Erstarrungspunkt des Kopfprodukts (angenähert durch den maximalen Wert der Erstarrungstemperaturen der Komponenten zuzüglich 10°C Sicherheitszuschlag) /Schü93/

- Siedetemperatur bei minimal zulässigem Apparatedruck

- Temperatur des kältesten zur Verfügung stehenden Kühlmittels zuzüglich einer treibenden Temperaturdifferenz

Für den minimal zulässigen Apparatedruck werden prinzipiell 50 mbar vorgeschlagen, da bis zu diesem Druck problemlose, kostengünstige Wasserringpumpen eingesetzt werden können. Im Fall von Hochsiedertrennungen werden aber unter Umständen noch geringere Drücke benötigt, teure Spezialpumpen müssen dann verwendet werden.

Bei der Wahl der treibenden Temperaturdifferenz gegen Kühlwasser wird häufig 10-14°C eingesetzt. Es muß aber sichergestellt werden, daß im Sommer das Kühlwasser nicht mit so hoher Temperatur zur Verfügung gestellt wird, daß es zu Problemen wegen nicht mehr ausreichender treibender Temperaturdifferenz kommt. Für teure Kältemittel (Ammoniak, Propan usw.) sollten kleine treibende Temperaturdifferenzen gewählt werden, z. B. 5°C.

Diese genannten Temperaturen stellen Grenzwerte dar, die im Normalfall nicht unterschritten werden dürfen. Die minimale Kopftemperatur entspricht daher dem größten dieser drei Werte.

4.4.2.1.2 Minimale Sumpftemperatur

Zur Ermittlung der minimalen Sumpftemperatur werden folgende Werte verglichen:

- Erstarrungspunkt des Sumpfprodukts (angenähert durch den maximalen Wert der Erstarrungstemperaturen der Komponenten zuzüglich 10°C Sicherheitszuschlag) /Schü93/

• Siedetemperatur bei minimal zulässigem Apparatedruck (in der Regel 50 mbar [siehe Kapitel 4.4.2.1.1], eventuell zuzüglich eines Druckverlustes)

Die minimale Sumpftemperatur ergibt sich aus dem maximalen Wert der beiden Temperaturen.

4.4.2.1.3 Maximale Kopftemperatur

Die maximal zulässige Kopftemperatur wird gebildet aus dem kleinsten der folgenden Werte:

• Siedetemperatur bei maximal zulässigem Apparatedruck

• maximale Kondensationstemperatur /Chia83/

Die Frage nach dem maximal zulässigen Apparatedruck muß für jeden Apparat separat beantwortet werden, eine pauschale Empfehlung kann nicht gegeben werden. Beispielsweise kann es für Wärmeintegrationszwecke durchaus sinnvoll (wenn auch ungewöhnlich) sein, Rektifikationen bei höherem Druck als die von /Schü93/ empfohlenen 17 bar zu fahren und die damit verbundenen hohen Investitionen in Kauf zu nehmen, um entsprechend hohe Einsparungen an Betriebsmitteln erzielen zu können. Selbst Apparatedrücke von 30 bar und mehr können nicht pauschal ausgeschlossen werden.

Die maximale Kopftemperatur kann abgeschätzt werden durch 90% der kritischen Temperatur des Gemisches /Schü93/.

4.4.2.1.4 Maximale Sumpftemperatur

Die maximale Sumpftemperatur ist als kleinster Wert der folgenden Grenzwerte anzusetzen:

• Siedetemperatur bei maximal zulässigem Apparatedruck

• nicht kondensierbares Sumpfprodukt

• unerwünschte Reaktion von Komponenten, z.B. Polymerisation

• Temperatur des heißesten Heizmittels abzüglich einer treibenden Temperaturdifferenz

Falls eine thermisch aktivierte Reaktion von Komponenten eintritt, muß geprüft werden, ob dies unerlaubt (z.B. Wertstoff zerfällt oder Polymerisation springt an) oder nichtstörend ist (z.B. Sumpfstrom ist Abfallprodukt, zwei Komponenten des Sumpfstroms reagieren miteinander, ohne auszufallen).

Für die treibende Temperaturdifferenz wird im Rahmen dieser Arbeit 10°C empfohlen, dies ist auch ein in der Praxis häufig anzutreffender Wert. Lediglich bei einer Beheizung mit Rauchgas sollte eine höhere Temperaturdifferenz gewählt werden, z.B. 20°C.

4.4.2.1.5 Obere und untere Betriebsgrenze

Mit den minimalen und maximalen Kopf- und Sumpftemperaturen erhält man für jede Kolonne vier limitierende Temperaturen, die es im weiteren Lösungsprozeß zu beachten gilt. Für den weiteren Verlauf der Target-Optimierung ist es nötig, die aus den vier Grenztemperaturen resultierende *obere* und *untere Betriebsgrenze* einer Kolonne (vergl. Glossar) zu ermitteln.

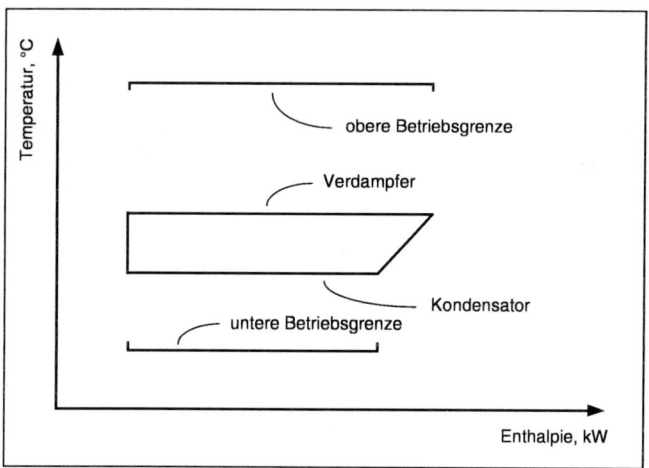

Abbildung 4.4: Kolonne mit oberer und unterer Betriebsgrenze

Die Abbildung 4.4 zeigt, wie sich eine Kolonne und deren Betriebsgrenzen in einem Temperatur-Enthalpie-Diagramm visualisieren lassen. Die Kolonne wird als Viereck

43

dargestellt. Die obere Waagerechte des Vierecks stellt die am Verdampfer benötigte Wärme bei der entsprechenden Temperatur dar, die untere Waagerechte des Vierecks symbolisiert die Kondensatorleistung bei der Kondensationstemperatur. Über bzw. unter der Kolonne ist die obere bzw. untere Betriebsgrenze eingezeichnet. Innerhalb dieser Grenzen kann die Kolonne beliebig durch Änderung des Druckes verschoben werden. Dabei ist allerdings zu beachten, daß sich mit dem Druck auch die Kondensator- und Verdampferleistung sowie der Temperaturgradient über der Kolonne ändern kann.

4.4.2.1.6 Überprüfung der Betriebsvariablengrenzen

Es kann Fälle geben, bei denen die Kolonne nicht bis an die obere bzw. untere Betriebs-grenze geschoben werden kann, sondern bei denen schon unterhalb der oberen Betriebs-grenze bzw. oberhalb der unteren Betriebsgrenze eine andere Art von Limitierung eintreten kann.

Dies ist etwa der Fall, wenn bei einer Druckerhöhung kein reines Kopfprodukt mehr abgezogen werden kann, sondern dieses nun mit einer Komponente des Sumpfstroms ein leichtersiedendes Azeotrop bildet. Umgekehrt kann es sein, daß für eine gewünschte Trennung ein Azeotrop auftreten muß (z.B. im Rahmen einer Heteroazeotroprektifikations-schaltung), dieses aber durch eine Druckverringerung verschwindet. Weiterhin kann es geschehen, daß ein zu trennendes relativ engsiedendes Gemisch durch eine Drucker-höhung so engsiedend wird, daß eine einfache Rektifikationsschaltung (wirtschaftlich) nicht mehr möglich ist.

Ob solche Effekte auftreten, kann auf zwei Arten untersucht werden: zum einen durch das Verfahren der topologischen Analyse nach Gottschalk /Gott98/, zum anderen durch überprüfende Simulationen.

Bei der topologischen Gemischanalyse nach Gottschalk /Gott98/ wird zunächst der zu der oberen bzw. unteren Betriebsgrenze gehörende, korrespondierende Druck berechnet. Zu diesen beiden Drücken werden gegebenenfalls auftretende Azeotrope und die Destillationsgebiete berechnet. Dann wird überprüft, ob der gewünschte Trennschnitt weiterhin möglich ist. Verschiebt sich beispielsweise, wie in Abbildung 4.5 (a) dargestellt, die Destillationsgrenze bei dem zur oberen Betriebsgrenze gehörenden Druck p_2 so weit, daß der ursprüngliche Trennschnitt (z.B. bei Druck p_1) nicht mehr möglich ist, muß die obere Betriebsgrenze nach unten korrigiert werden, bis der ursprüngliche Trennschnitt gerade noch möglich ist. Dies ist bei p'₂ der Fall. Die obere Betriebsgrenze wird folglich von p_2 auf p'_2 korrigiert (vergl. Abbildung 4.5 (b)).

Eine pragmatische Alternative zur topologischen Gemischanalyse besteht darin, ebenfalls zunächst die zu der oberen und unteren Betriebsgrenze gehörenden, korrespondierenden Drücke zu berechnen und dann mit Hilfe eines Prozeßsimulators (z.B. ASPEN-Plus) zu überprüfen, ob der gewünschte Trennschnitt bei diesen Drücken noch möglich ist. Ist dies nicht der Fall, werden die Betriebsgrenzen wieder entsprechend angepaßt.

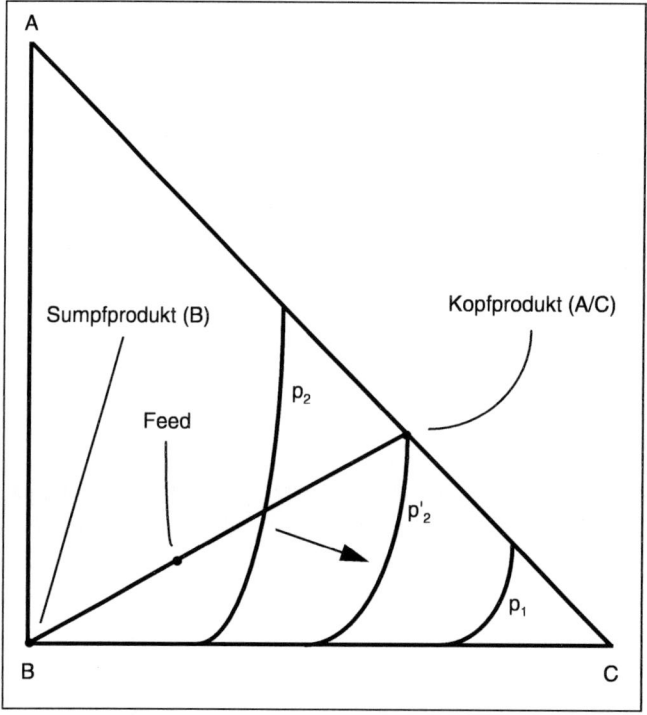

Abbildung 4.5 (a): Gewünschter Trennschnitt ist bei dem zur oberen Betriebsgrenze gehörenden Druck p_2 nicht mehr möglich; maximal zulässiger Druck ist p'_2.

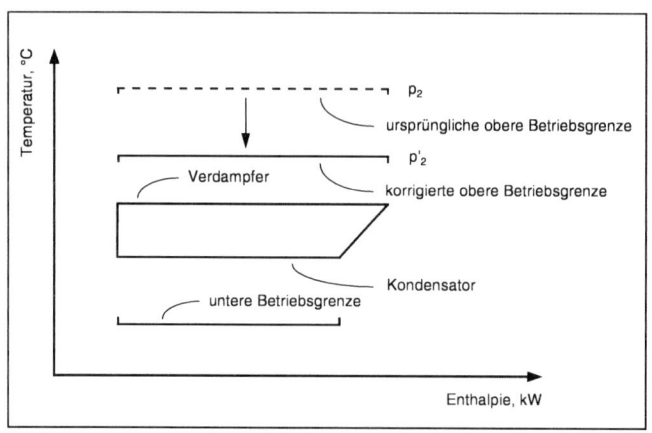

Abbildung 4.5 (b): Anpassung der oberen Betriebsgrenze der Kolonne

4.4.2.2 Reaktoren

Neben Kolonnen gehören auch nicht-adiabate Reaktoren zu den wärmetechnischen Hauptelementen (vergl. Glossar). Auch für diese müssen die Betriebsgrenzen ermittelt werden.

Reaktoren werden bezüglich ihrer maximalen und minimalen Betriebstemperaturen und Betriebsdrücke vor allem durch reaktionstechnische Anforderungen beschränkt. Mit sich ändernden Temperaturen und Drücken können Umsatz, Ausbeute und Selektivität stark variieren. Man findet daher bei den meisten Reaktoren relativ enge Temperatur/Druck-Fenster, die man aus reaktionstechnischen Gründen nicht verlassen darf.

Die maximal und minimal zugelassenen Betriebstemperaturen und -drücke ergeben sich folglich aus reaktionstechnischen Restriktionen. Nur wenn ausnahmsweise Druck und Temperatur stark variiert werden können, müssen zusätzlich zulässige Apparatedrücke, vorhandene Betriebsmittel und Erstarrungstemperaturen überprüft werden (vergl. Kapitel 4.4.2.1.1 - 4.4.2.1.4).

4.4.3 Wärmetechnische Prozeßsynthese

Ziel der wärmetechnischen Prozeßsynthese ist es, die Betriebsvariablen der wärmetechnischen Hauptelemente unter Anwendung von Heuristiken sukzessive so einzustellen, daß der mögliche prozeßinterne Wärmeaustausch maximiert wird. Mittels einer geeigneten Bewertung müssen dann aus einer unter Umständen sehr großen Anzahl von Lösungen einige besonders aussichtsreiche Alternativen gefunden und in den nächsten Schritten weiter betrachtet werden.

Konkrete Wärmeverschaltungen erfolgen während der wärmetechnischen Prozeßsynthese aber nicht. Es wird lediglich ein Potential geschaffen, das man später, während der Target-Realisierung, ausschöpfen kann. Das Potential wird dadurch geschaffen, daß Kopplungen ermöglicht, aber nicht konkret fixiert werden. Im Rahmen der Target-Optimierung sollen diese Kopplungsoptionen *potentielle Kopplungen* (vergl. Glossar) genannt werden.

Die Abbildung 4.6 zeigt das Wesen der wärmetechnischen Prozeßsynthese. Die Ausgangssituation ist in Teil (a) dargestellt: Die Kolonnen sind als Vierecke und ein Reaktor, der exotherm sein soll, als Linie in einem Temperatur-Enthalpie-Diagramm bei den entsprechenden Temperaturen eingezeichnet. Aus Gründen der Übersichtlichkeit wird auf die Einzeichnung der Betriebsgrenzen an dieser Stelle verzichtet (vergl. auch Abbildung 4.4). Man erkennt, daß in der Ausgangssituation kein Wärmeaustausch zwischen den Elementen möglich ist: Kein wärmeabgebender Strom (Kondensatoren und Reaktor) ist auf einem höheren Temperaturniveau angesiedelt als ein möglicher wärmeaufnehmender Strom (Verdampfer). Die Kolonnen und der Reaktor werden nun unter Beachtung der Betriebsvariablengrenzen so im zugelassenen Temperaturfenster verschoben, daß prozeßinterner Wärmeaustausch möglich wird (Abbildung 4.6 (b)). Die „gestapelte" Darstellungsweise verdeutlicht dies: In diesem Fall könnte Wärmeaustausch einerseits zwischen den Kondensatoren der beiden kleinen Kolonnen und dem Verdampfer der großen Kolonne stattfinden, andererseits zwischen dem exothermen Reaktor und den Verdampfern der zwei kleinen Kolonnen. Zwischen den wärmeaustauschenden Strömen muß selbstverständlich eine ausreichend große treibende Temperaturdifferenz ΔT eingehalten werden. Diese vier generierten Möglichkeiten zum Wärmeaustausch sind *potentielle Kopplungen*. Ob sie wirklich so realisiert werden sollen, oder ob es nicht noch bessere, d.h. ökonomisch vorteilhaftere Alternativen gibt, wird an dieser Stelle noch nicht entschieden.

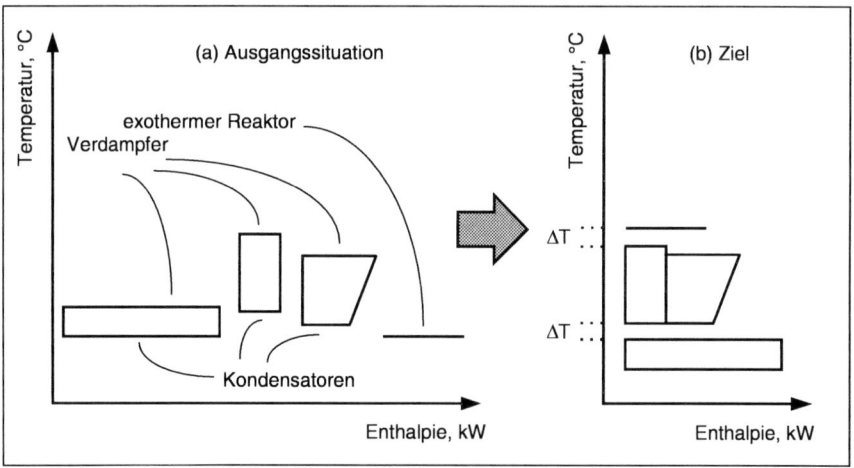

Abbildung 4.6: Ausgangssituation und Ziel der wärmetechnischen Prozeßsynthese

Verschiebt man eine Kolonne innerhalb ihres zulässigen Temperaturfensters, ändern sich oftmals auch die Kondensator- und Verdampferleistung sowie der Temperaturgradient zwischen Kopf und Sumpf. Theoretisch wäre daher nach jeder Verschiebung eine neue Simulation erforderlich. Dies würde die Schnelligkeit der Lösungssuche erheblich beeinträchtigen. Da im Rahmen der wärmetechnischen Prozeßsynthese lediglich sinnvolle Strukturen identifiziert werden sollen, die es sich lohnt, detailliert weiterzuverfolgen, sind neue, exakte Simulationen an dieser Stelle nicht erforderlich. Für die Zwecke der Synthese ist es ausreichend, anzunehmen, daß die Wärmeleistungen der Wärmeströme und die Temperaturgradienten über den Kolonnen sich im gesamten zur Verfügung stehenden Temperaturfenster nicht ändern. Erst bei der wärmetechnischen Prozeßselektion, bei der dann letztlich die endgültige, exakte wärmetechnische Prozeßstruktur festgelegt wird, sind neue Simulationen erforderlich.

4.4.3.1 Ausschluß von wärmetechnischen Hauptelementen und „potentiellen" Kopplungen

Existieren Reaktoren oder Kolonnen, die generell nicht in die Energieintegration einbezogen werden sollen, müssen diese identifiziert und ausgeschlossen werden. Sonst würde man ein Potential generieren, das später nicht ausgeschöpft werden darf.

Genauso können in einem Prozeß Hauptelemente existieren, die zwar prinzipiell in die Wärmeintegration einbezogen werden sollen, aber nicht miteinander verschaltet werden dürfen. Denkbar ist z.B. der Fall, daß zwei Kolonnen zwar grundsätzlich in die Wärmeintegration einbezogen werden, aber nicht miteinander gekoppelt werden dürfen, d.h. der Kondensator der einen Kolonne nicht mit dem Verdampfer der anderen Kolonne verschaltet werden darf. Auch in solchen Fällen müssen die Kopplungsverbote schon in der wärmetechnischen Prozeßsynthese als Verbote potentieller Kopplungen berücksichtigt werden.

Die Gründe, die für den Ausschluß von Hauptelementen oder für Verbote bestimmter Kopplungen sprechen können, sollen in den nächsten Abschnitten vorgestellt werden.

4.4.3.1.1 Sicherheitstechnische Gründe und Korrosion

Reaktoren oder Kolonnen, deren Fahrweise sicherheitstechnisch gesehen sehr problematisch ist, sollten aus der Energieintegration generell ausgeschlossen werden. Dies ist etwa bei einer Kolonne der Fall, bei der eine bestimmte Kopfproduktkomponente nicht in den Sumpf durchbrechen darf, weil es dann zu unkontrollierbaren Reaktionen kommen kann. Allerdings zeigt die Praxis, daß man sogar so „heikle" Kolonnen, wie eine Ethylenoxid-Rektifikationen, problemlos in die Wärmeintegration einbeziehen kann /Tebr98/. Im Gegenteil, es kann sogar durchaus vorkommen, daß man eine Kolonne aus sicherheitstechnischen Gründen in die Wärmeintegration einbeziehen *sollte*. Beispielsweise wird nach /Tebr98/ in der Praxis eine Ethylenoxidreinstkolonne (hochreines Ethylenoxid wird im Seitenstrom gewonnen, formaldehydhaltiges Ethylenoxid wird als Kopfprodukt und acetaldehydhaltiges Ethylenoxid als Sumpfprodukt abgezogen) oft mit einem aus einer anderen Kolonne stammenden Ethylenoxid/Wasser-Brüden (Massenverhältnis ca. 50:50) beheizt. Dadurch wird in diesem Fall sichergestellt, daß die Temperatur des Heizmediums niemals zu hoch wird.

Kopplungen sollten dann verboten werden, wenn es bei einer Leckage zu schwerwiegenden Folgen kommen kann /Schü93/. Schwerwiegende Folgen in diesem Sinne sind neben gefährlichen Reaktionen auch starke Korrosionen. Beispielsweise sollte der Verdampfer einer Kolonne, in der HCl abgetrennt wird, nicht mit wasserhaltigen Strömen oder Dampf beheizt werden. Bei einer Leckage kann es zu Korrosion in der Kolonne kommen. So werden bei der Herstellung von Vinylchlorid die Verdampfer von HCl-Kolonnen in der Regel mit Wärmeträgeröl oder wasserfreien Prozeßströmen beheizt, nicht aber mit Heizdampf /Fabi98/.

4.4.3.1.2 Regelungstechnische Gründe

Ein in der Praxis von Planungsingenieuren häufig anzutreffendes Argument gegen die Einbeziehung bestimmter Apparate in die Wärmeintegration oder die Durchführung gewisser Kopplungen ist der erhöhte regelungstechnische Aufwand. Allerdings zeigen gerade in Deutschland zahlreiche hochintegrierte Prozesse, daß die meisten Wärmeintegrationsideen mit moderner Regelungstechnik realisiert, angefahren und betrieben werden können. Nach /Senk98/ existieren denn auch in der Regel keine rein regelungstechnischen Gründe, die zum Ausschluß eines Apparates oder zum Verbot einer Kopplung führen.

Ein Problem stellen aber Anfahrvorgänge dar. Nach /Senk98/ müssen sie oft so gestaltet werden, daß zunächst die an der Kopplung beteiligten Apparate mit Betriebsmittelwärme-austauschern angefahren werden und erst im stationären Zustand die entsprechenden Betriebsmittel durch die prozeßinternen Verschaltungen ersetzt werden. Das eigentliche Problem dabei ist, daß jede Wärmeintegrationsmaßnahme die Komplexität des Anfahrvor-gangs erhöht. Der Bedienungsmannschaft können aber nicht beliebig komplizierte Anfahr-vorgänge zugemutet werden /Senk98/.

4.4.3.1.3 Große Entfernung zu den übrigen Prozeßelementen

Wenn man weiß, daß bestimmte Apparate in großer Entfernung vom restlichen Prozeß aufgestellt werden, kann es sinnvoll sein, diese aus der wärmetechnischen Prozeßsynthese auszuschließen oder relevante Kopplungen zu verbieten. Eine Kopplung solcher Apparate mit anderen Prozeßelementen könnte in diesem Fall nicht praktikabel sein oder, bedingt durch benötigte Fördereinrichtungen und Rohrleitungen, zu teuer sein /Schü93/.

Beispiele für Restriktionen dieser Art sind eine deutliche räumliche Trennung von Reaktor und Trennsequenz oder die Aufstellung einer Recyclingkolonne in unmittelbar Nähe einer Reststoffverbrennungsanlage anstatt in Prozeßnähe.

4.4.3.1.4 Sehr kleine Wärmeströme

Ein Apparat, dessen kleine Wärmeströme für Kopplungen ökonomisch nicht sinnvoll sind, kann ausgeschlossen werden. Denn sehr kleine Wärmeströme erlauben im Falle einer Kopplung auch nur entsprechend geringe Einsparungen an Betriebsmitteln, so daß sich entsprechende Investitionen für die Kopplung nicht amortisieren.

Allerdings ist zu beachten, daß teilweise bei Neuanlagen relativ lange Abschreibungsdauern zugelassen werden, so daß der z.B. von Schüttenhelm vorgeschlagene Grenzwert von 0,2 MW /Schü93/ sehr hoch angesetzt ist. Ein Grenzwert von 0,1 MW erscheint angemessener. Falls der Kondensator einer Kolonne voraussichtlich mit Kältemittel (z.B. Ammoniak) betrieben werden muß, sollte die Kolonne selbst bei noch kleineren Wärmeleistungen in die Wärmeintegration einbezogen werden.

4.4.3.2 Festlegung von Druckgefällen

Es kann notwendig oder sinnvoll sein, zwischen wärmetechnischen Hauptelementen ein bestimmtes Druckgefälle vorzusehen. Dadurch kommt es bei der wärmetechnischen Prozeßsynthese zu Restriktionen, die berücksichtigt werden müssen.

Notwendig ist ein Druckgefälle z.B. bei einer Druckwechselrektifikation. Hier ist zwingend in einer Kolonne ein höherer Druck als in der anderen Kolonne erforderlich, damit die gewünschte Trennaufgabe realisiert werden kann.

Sinnvoll ist ein Druckgefälle für Elemente mit gasförmigen Strömen. Wenn beispielsweise ein gasförmiges Reaktionsprodukt durch zwei Waschkolonnen geleitet wird, sollte man zwischen Reaktor und der ersten Kolonne sowie zwischen den beiden Kolonnen ein ausreichend großes, treibendes Druckgefälle vorsehen. Dadurch kann man auf teure Kompressoren als Fördereinrichtungen verzichten.

Nicht sinnvoll ist es, zwingend ein Druckgefälle für Elemente mit flüssigen Strömen vorzusehen. In der Praxis findet man zwar häufig, z.B. zwischen den Kolonnen einer Trennsequenz, homogene Druckgefälle vor und spart dadurch Pumpen ein. Wenn man das Druckgefälle aber zwingend fordert, entsteht eine ökonomisch nicht zu rechtfertigende Restriktion für die Energieintegration.

Da das Generieren der potentiellen Kopplungen über eine Anpassung des Temperaturniveaus erfolgt (siehe Kapitel 4.4.3.5), muß für Kolonnen die zu dem jeweiligen Druckgefälle gehörende Temperaturdifferenz zwischen den betroffenen Elementen geschätzt werden. Die Näherung erfolgt so, daß für die Kolonne mit dem niedrigeren Druck die Verdampfertemperatur bei Umgebungsdruck berechnet wird. Für die Kolonne mit dem höheren Druck wird die Kondensatortemperatur bei einem um die einzuhaltende Druckdifferenz höheren Druck als der Umgebungsdruck berechnet. Die Temperaturdifferenz zwischen Verdampfertemperatur der Niederdruckkolonne und Kondensatortemperatur der Höherdruckkolonne ist bei der Kopplungsgenerierung mindestens einzuhalten. Diese geschätzte Temperaturdifferenz stellt eine vorläufige Näherung dar, die aber deswegen zunächst zu rechtfertigen ist, da man aus Kostengründen versucht, bei möglichst niedrigem Druckniveau zu arbeiten (vergl. Abschnitt 4.4.3.5).

4.4.3.3 Auswahl der minimalen Temperaturdifferenz innerhalb möglicher Kopplungen

Zwischen den wärmetechnischen Hauptelementen einer potentiellen Kopplung muß ein ausreichend großes treibendes Temperaturgefälle eingehalten werden. Der am häufigsten genannte Wert ist ΔT_{min} = 10°C /Wolf96a, Beal97/. Kleinere Werte sind nur in Ausnahmefällen vorzufinden. Größere Temperaturdifferenzen führen zu einem höheren Exergieverlust bei kleineren Wärmeaustauschflächen, sind aber vereinzelt in der Praxis bis hin zu etwa 20°C anzutreffen.

Wenn der kalte Wärmestrom einer Kopplung aus einem Umlaufverdampfer stammt und es in diesem zu Fouling kommen kann, ist eine Temperaturdifferenz von 10°C problematisch /Rudm97/. In diesem Fall erscheint ein Wert von ΔT_{min} = 14°C besser geeignet, man befindet sich damit auf der „sicheren Seite" und kann einen problemlosen Betrieb der Kopplung sicherstellen. Eine detailliertere Wahl von ΔT_{min} erfordert eine Simulation.

4.4.3.4 Auswahl geeigneter Ausgangsapparate für Kopplungssequenzen

Die Generierung potentieller Wärmekopplungen erfolgt innerhalb der für die jeweiligen Hauptelemente geltenden oberen und unteren Betriebsgrenzen (siehe Kapitel 4.4.2.1.5). Um die zur Verfügung stehenden Temperaturfenster maximal auszunutzen, kann man auf zwei Arten vorgehen: Entweder man verschiebt einen geeigneten ersten Apparat, der das unterste Element einer Sequenz potentieller Kopplungen darstellen soll, so weit in die Richtung seiner unteren Betriebsgrenze, wie es sinnvoll ist, und „stapelt" die übrigen Apparate auf diesem (siehe Abbildung 4.6), oder man verschiebt einen ersten Apparat, der das oberste Element der Sequenz sein soll, analog an die obere Betriebsgrenze und stapelt die übrigen Apparate unter diesem.

Da ein Start der Sequenzentwicklung an der unteren Betriebsgrenze zu einem insgesamt niedrigeren Druckniveau und damit zu niedrigeren Investitionen für die Apparate führt sowie ein niedrigeres Temperaturniveau der in der Regel als Betriebsmittel benötigten Dampfstufen erfordert, ist diese Vorgehensweise sinnvoller und soll hier angewandt werden.

Eine Ausnahme bilden allerdings Tieftemperaturprozesse, wie z.B. die Luftzerlegung. Hier ist man, was den Betriebsmitteleinsatz angeht, bestrebt, bei möglichst hohen Temperaturen zu arbeiten. Dies spricht für einen Start der Generierung der Sequenz an der oberen Betriebsgrenze. Andererseits wird man in der Regel hohe Drücke im Prozeß vorfinden, da Gase verflüssigt werden müssen. Dies stellt ein Argument für die Generierung der Sequenz an der unteren Betriebsgrenze dar. Daher wird in dieser Arbeit vorgeschlagen, auch bei Tieftemperaturprozessen zunächst an der unteren Betriebsgrenze anzufangen und gegebenenfalls abschließend die ganze Sequenz zu höheren Temperaturen (aber auch zu höheren Drücken) hin zu verschieben.

Das erste, in der Sequenz unterste Element wird als *Startapparat* bezeichnet. Existiert eine größere Anzahl an wärmetechnischen Hauptelementen, so daß es nicht möglich ist, alle übrigen Hauptelemente auf diesem zu „stapeln", werden mehrere Startapparate für die Sequenz benötigt.

Die folgenden Heuristiken haben sich bei der Wahl von Kolonnen und Reaktoren als Startapparate als sinnvoll erwiesen. Aufgeführt sind sie in abnehmender subjektiver Wahrscheinlichkeit, zur besten Lösung zu führen.

Regel 1:

Schiebe den Apparat mit dem größten kalten Wärmestrom so weit an die untere Betriebsgrenze, daß er noch mit Kühlwasser betrieben werden kann, wenn es sich bei dem Apparat um eine Kolonne handelt und der Apparat nicht ausgeschlossen wurde.

Die Kolonne mit den größten Wärmeströmen wird in der Regel die teuerste Kolonne sein. Um ihre Materialkosten und damit ihre Investitionen so gering wie möglich zu halten und eine große „Stapelplattform" zu erhalten, wird sie an die untere Betriebsgrenze, d.h. zu niedrigen Drücken hin verschoben. Dies geschieht aber nur so weit, daß ihr Kondensator noch mit kostengünstigem Kühlwasser betrieben werden kann.

Regel 2:

Schiebe den Apparat mit dem größten kalten Wärmestrom so weit an die untere Betriebsgrenze, daß er bei 1 bar betrieben werden kann, wenn der Druck nicht ausgeschlossen ist und es sich bei dem Apparat um eine Kolonne handelt und der Apparat nicht ausgeschlossen wurde.

Analoge Überlegungen wie bei Regel 1, wobei die Forderung nach Kühlwasserbetrieb durch die Forderung, Vakuum zu vermeiden substituiert wird, führen zu Regel 2.

Regel 3:

Schiebe den Apparat mit dem größten kalten Wärmestrom an die untere Betriebsgrenze, wenn der Apparat nicht ausgeschlossen wurde.

Derjenige Apparat, der den größten kalten Wärmestrom hat, wird bei Regel 3 an seine untere Betriebsgrenze geschoben. Man erhält eine große Stapelplattform und nutzt das maximale Temperaturfenster für die zu generierende Sequenz aus. Allerdings kann, falls es sich bei dem Startapparat um eine Kolonne handelt, Vakuumbetrieb notwendig werden.

Regel 4:

Schiebe den Apparat, der den kältesten heißen Wärmestrom hat, so weit an die untere Betriebsgrenze, daß er noch mit Kühlwasser betrieben werden kann, wenn es sich bei dem Apparat um eine Kolonne handelt und der Apparat nicht ausgeschlossen wurde.

Die Kolonne, die bereits die kälteste Kopftemperatur hat, wird so weit an die untere Betriebsgrenze geschoben, daß der Kondensator noch mit Kühlwasser betrieben werden kann. Durch die Wahl dieser Kolonne wird erreicht, daß der Startapparat mit dem kleinstmöglichen Eingriff in die bereits vorhandene wärmetechnische Prozeßstruktur gewählt wird. Dadurch schafft man die Voraussetzungen für die Generierung einer gesamten Sequenz mit möglichst geringen Modifizierungen der Prozeßparameter. Diese Regel kann dann sinnvoll sein, wenn der Base Case bereits eine durchdachte wärmetechnische Prozeßstruktur hat.

Regel 5:

Schiebe den Apparat, der den kältesten heißen Wärmestrom hat, so weit an die
  untere Betriebsgrenze, daß er bei 1 bar betrieben werden kann,
  wenn der Druck nicht ausgeschlossen ist
  und es sich bei dem Apparat um eine Kolonne handelt
  und der Apparat nicht ausgeschlossen wurde.

Analoge Überlegungen, wie bei Regel 2 bzw. Regel 4, führen zu Regel 5.

Regel 6:

Wähle den Apparat, der den kältesten heißen Wärmestrom hat, als Startapparat und
  betreibe ihn bei dem vorhandenen Betriebszustand,
  wenn der Apparat nicht ausgeschlossen wurde.

Die Regel 6 stellt den Idealfall der Überlegungen zu Regel 4 dar: Der Base Case ist schon
so durchdacht, daß der Apparat mit dem kältesten heißen Wärmestrom bei dem
vorhandenen Betriebszustand als Startapparat verwendet werden kann.

Regel 7:

Schiebe den Apparat mit der niedrigsten unteren Betriebsgrenze so weit an die
  untere Betriebsgrenze, daß er noch mit Kühlwasser betrieben werden kann,
  wenn es sich bei dem Apparat um eine Kolonne handelt
  und der Apparat nicht ausgeschlossen wurde.

Bei der Regel 7 wird die Kolonne als Startapparat verwendet, die die niedrigste untere
Betriebsgrenze hat. Damit wird die Voraussetzung geschaffen, diejenige Sequenz zu
generieren, die insgesamt so weit wie möglich zu tiefen Temperaturen und damit zu
niedrigen Drücken geschoben ist. Allerdings wird hier wieder auf Kühlwasserbetrieb
geachtet.

Regel 8:

Schiebe den Apparat mit der niedrigsten unteren Betriebsgrenze so weit an die
  untere Betriebsgrenze, daß er bei 1 bar betrieben werden kann,
  wenn der Druck nicht ausgeschlossen ist
  und es sich bei dem Apparat um eine Kolonne handelt
  und der Apparat nicht ausgeschlossen wurde.

Wiederum die gleiche Regel wie die vorherige, nur daß die Forderung nach
Kühlwasserbetrieb ersetzt wird durch die Forderung, Vakuum zu vermeiden, führt zu Regel
8.

Regel 9:

Schiebe den Apparat mit der niedrigsten unteren Betriebsgrenze an die untere Betriebsgrenze,
wenn der Apparat nicht ausgeschlossen wurde.

Die Regel 9 verschiebt die gesamte zu generierende Sequenz zu den tiefsten Temperaturen und niedrigsten Drücken.

Regel 10:

Wende die Regeln 1 - 9 auf bis zu n/2 Startapparate an,
wenn die Anzahl der wärmetechnischen Hauptelemente n ist.

Existiert eine größere Anzahl an wärmetechnischen Hauptelementen, wird es häufig notwendig sein, mehrere Startapparate als Alternativen zuzulassen. Dies ist der Fall, wenn auf einem Startapparat nicht alle übrigen Apparate gestapelt werden können. Dann werden zwei oder mehrere Apparate zur unteren Betriebsgrenze hin verschoben, auf ihnen gemeinsam erfolgt dann das Generieren der Sequenz. Beispielsweise existieren 8 Apparate. In diesem Fall hat es sich bewährt, bis zu vier Startapparate zu wählen. Die Regel 1 wird dann nicht nur für einen Apparat mit dem größten Wärmestrom angewendet, sondern alternativ für die zwei Apparate mit den zwei größten Wärmeströmen, die drei Apparate mit den drei größten Wärmeströmen sowie die vier Apparate mit den vier größten Wärmeströmen. Dadurch entstehen aus der Anwendung der Regel 1 vier zunächst gleichwertige Alternativen, die im weiteren Lösungsprozeß verfolgt werden.

4.4.3.5 „Potentielle" Kopplungen

Nachdem man eine gewisse Anzahl alternativer Lösungen für einen oder mehrere Startapparate gefunden hat, wird die gesamte Sequenz erzeugt. Sukzessive werden die restlichen Apparate auf einem Startapparat oder einem anderen Apparat der Sequenz gestapelt und somit potentielle Kopplungen durchgeführt. Dabei werden wiederum Alternativen generiert und Lösungsbäume aufgezogen. Generell wird jede potentielle Kopplung erzeugt und weiterverfolgt, die im Rahmen der Betriebsgrenzen möglich und nicht verboten ist:

Regel 11:

Stapel einen bisher nicht berücksichtigten Apparat auf einem Apparat der Sequenz,
wenn der noch nicht berücksichtigte Apparat nicht ausgeschlossen wurde
und diese potentielle Kopplung nicht verboten ist
und die benötigte treibende Temperaturdifferenz eingehalten werden kann
und eine gegebenenfalls zu berücksichtigende Druckdifferenz eingehalten werden
  kann
und die Betriebsgrenzen für den Apparat nicht verletzt werden.

Die Abbildungen 4.7 (a) - (e) zeigen das schrittweise Vorgehen bei der Entwicklung einer Sequenz. Vorhanden sind drei Kolonnen und ein exothermer Reaktor. Es wird angenommen, daß kein Apparat auszuschließen ist, keine Kopplung verboten ist und keine Restriktionen bzgl. einzuhaltender Druckgefälle existieren. Ausgehend von der Ausgangssituation mit ermittelten Betriebsgrenzen wird ein Startappart gewählt und angepaßt (hier gemäß Regel 3 der Wahl geeigneter Startapparate, vergl. Kapitel 4.4.3.5). Selbstverständlich können dabei auch Alternativen generiert werden.

Nun wird zunächst ein anderer Apparat auf dem Startapparat gestapelt und eine erste potentielle Kopplung erzeugt. Das treibende Temperaturgefälle muß dabei eingehalten werden. Auch für diesen Schritt existieren Alternativen: Die restlichen zwei Apparate könnten für die erste Kopplung ebenfalls verwendet werden. Aus Gründen der Übersichtlichkeit wird auf die Darstellung der Alternativen verzichtet.

Analog wird auch im zweiten Schritt vorgegangen. Es wird wieder ein Apparat auf die bisherige Sequenz gesetzt.

Beim dritten Schritt existiert eine Besonderheit: Der Reaktor wird so plaziert, daß er mit dem heißesten Verdampfer eine potentielle Kopplung eingehen kann. Seine restliche Wärmeleistung kann er an die Kolonne mit dem zweitheißesten Verdampfer abgeben. Durch das Anpassen des Betriebszustandes eines Apparates, hier also des Reaktors, werden zwei potentielle Kopplungen durchgeführt.

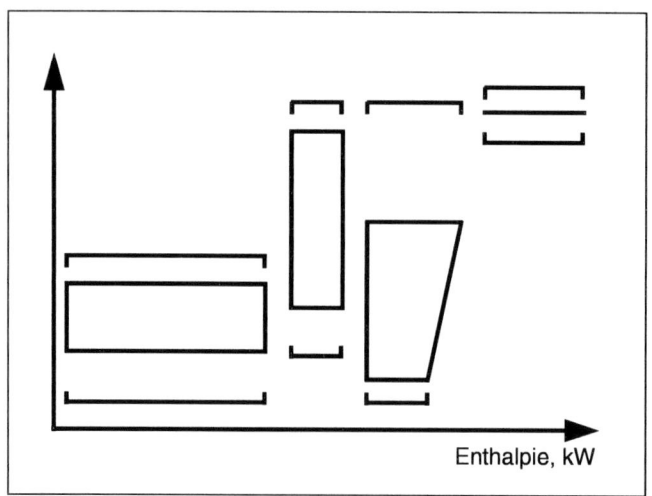

Abbildung 4.7 (a): Wärmetechnische Prozeßsynthese - Base Case mit Betriebsgrenzen

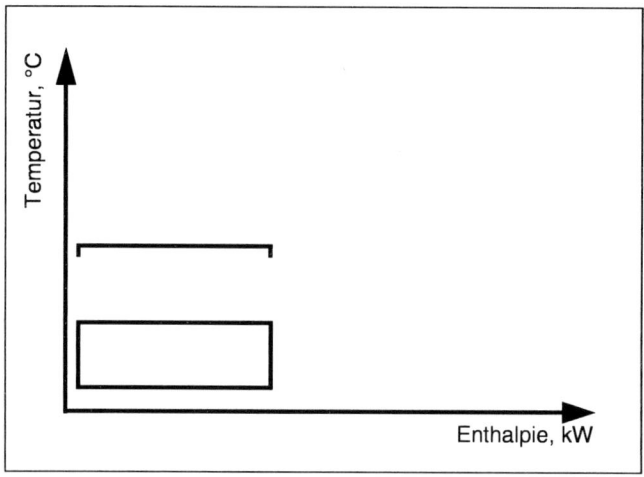

Abbildung 4.7 (b): Wärmetechnische Prozeßsynthese - Betrieb des Startapparates an der unteren Betriebsgrenze

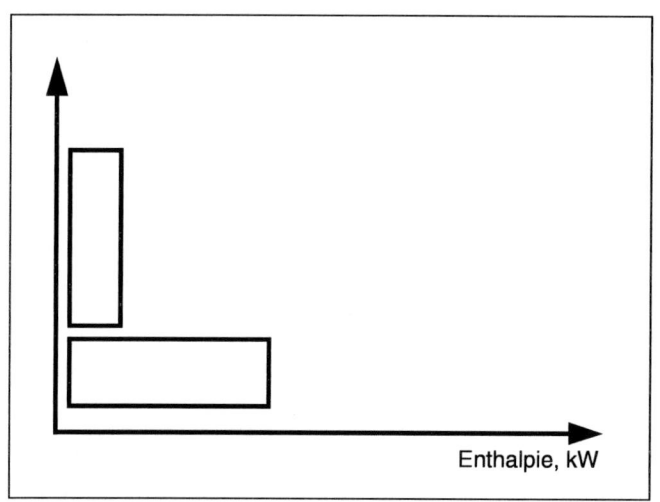

Abbildung 4.7 (c): Wärmetechnische Prozeßsynthese - erste potentielle Kopplung

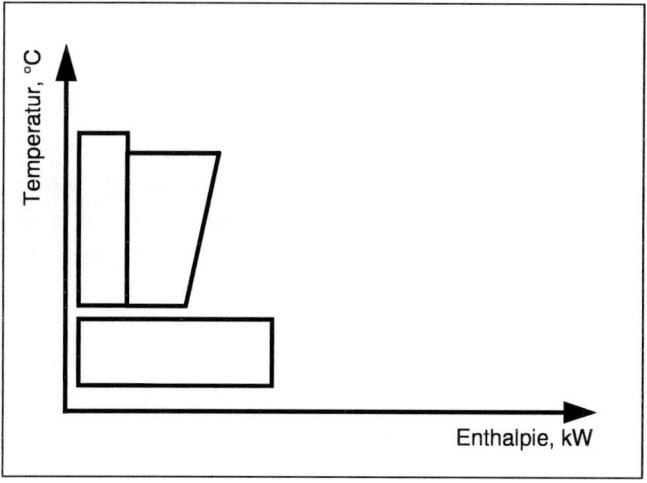

Abbildung 4.7 (d): Wärmetechnische Prozeßsynthese - zweite potentielle Kopplung

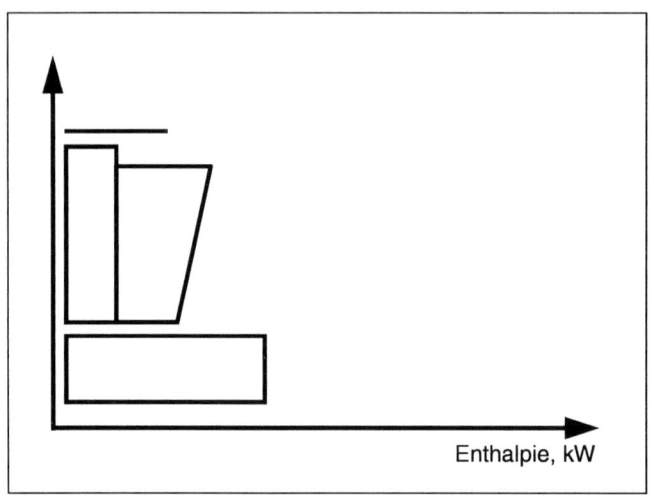

Enthalpie, kW

Abbildung 4.7 (e): Wärmetechnische Prozeßsynthese - dritte und vierte potentielle Kopplung

4.4.3.6 Anpassung von Hauptelementen ohne wärmetechnisches Potential

Es kann vorkommen, daß bestimmte Apparate nicht in die Generierung der in Kapitel 4.4.3.5 beschriebenen Sequenzen einbezogen wurden. Dies ist z.b. der Fall für ausgeschlossene Apparate oder etwa bei Apparaten, die bezüglich ihrer Betriebsgrenzen nicht so angepaßt werden können, wie es für eine potentielle Kopplung erforderlich wäre. Handelt es sich dabei um Kolonnen, sollten sie so weit wie möglich zu ihrer unteren Betriebsgrenze geschoben werden, um den Betriebsdruck und damit die Investitionen niedrig zu halten. Allerdings sollte dabei, wenn es möglich ist, der Kondensator mit Kühlwasser betrieben werden können und Vakuum möglichst vermieden werden. Weiterhin müssen natürlich gegebenenfalls geforderte Druckgefälle eingehalten werden. Endotherme Reaktoren, die nicht in die Sequenz einbezogen wurden, sollten an die untere Betriebsgrenze geschoben werden, um maximales Potential für die Target-Realisierung zu schaffen. Bisher nicht berücksichtigte exotherme Reaktoren sollten analog an die obere Betriebsgrenze geschoben werden.

Damit ergeben sich drei weitere Regeln:

Regel 12:

Verschiebe nicht in die Sequenz einbezogene Kolonnen so weit an die untere

Betriebsgrenze, daß
erstens der Kondensator möglichst mit Kühlwasser betrieben werden kann und
zweitens Vakuum möglichst vermieden wird und
drittens gegebenenfalls einzuhaltende Druckgefälle eingehalten werden.

Regel 13:

Verschiebe nicht in die Sequenz einbezogene endotherme Reaktoren an die untere
Betriebsgrenze.

Regel 14:

Verschiebe nicht in die Sequenz einbezogene exotherme Reaktoren an die obere
Betriebsgrenze.

4.4.3.7 Bewertung

In den Kapiteln 4.4.3.1 - 4.4.3.6 wurde am Beispiel von Rektifikationskolonnen und Reaktoren dargelegt, wie geeignete wärmetechnische Sequenzen generiert werden können. Die Anzahl der erzeugten Alternativen kann unter Umständen erheblich sein. Es ist notwendig, die Lösungen zu bewerten und nur die erfolgversprechenden Alternativen weiterzuverfolgen. An dieser Stelle können aber keine kostenbasierten Entscheidungen getroffen werden, dies ist erst nach der Festlegung des vollständigen Wärmeaustauscher-netzwerk-Designs möglich.

Daher empfiehlt sich eine heuristische Bewertung. Eine heuristische Bewertung sucht nicht nach einer aus theoretischen Überlegungen oder Berechnungen stammenden „besten" Lösung, sondern bildet das Entscheidungsverhalten eines Experten ab. Nach /Kuß93/ lassen sich bei heuristischen Bewertungen die Phasen Informationsaufnahme (Wahrnehmung der benötigten Kenngrößen) und Informationsverarbeitung (Verarbeitung der Kenngrößen) unterscheiden.

4.4.3.7.1 Erforderliche Kenngrößen

Zunächst stellt sich die Frage, welche Informationen ein Experte beachtet und welche Kennzahlen er daraus ableitet. Natürlich sind dabei Unterschiede zwischen einzelnen Experten denkbar, sie werden aber eher gering sein. Dies liegt an der relativ eindeutigen Problemformulierung der Energieintegration: Gegenstand der Betrachtung sind „objektive"

Größen (Energien, Exergien und letztlich Kosten) und nicht „subjektive" Größen (Einstellungen, Präferenzen usw.).

Folgende, relevante Informationen und Kennzahlen wurden im Rahmen eines Experteninterviews identifiziert /Wolf96a/:

- **Potentielle Austauschleistung $Q_{Austausch}$.** Eine wichtige Information ist der minimale Heizund Kühlbedarf einer Alternative (vergl. Kapitel 3.2.1). Da im Rahmen der wärmetechnischen Prozeßsynthese nur die Hauptelemente betrachtet werden, korrespondiert die Summe der Austauschleistungen der potentiellen Kopplungen invers mit ihrem minimalen Heiz- und Kühlbedarf: Je höher die Wärmeleistung der Summe der potentiellen Kopplungen ist, desto kleiner ist der minimale Heiz- und Kühlbedarf der Alternative. Da der minimale Heiz- und Kühlbedarf minimiert werden soll, muß die kumulierte potentielle Austauschleistung $Q_{Austausch}$ also maximiert werden.

- **Minimal erforderlicher heißer Exergiebedarf $Q_{h,min,ex}$.** Nicht nur der minimale Heizbedarf ist von Interesse, sondern auch dessen Exergie. Die minimal erforderliche heiße Exergie $Q_{h,min,ex}$ ergibt sich als Produkt von Cournot-Faktor und minimal erforderlichem Heizbedarf: $Q_{h,min,ex} = (1 - T_u / T_{Heizmittel}) * Q_{h,min}$. Die extern erforderliche Wärme soll auf so niedrigem Temperaturniveau wie möglich zugeführt werden, d.h. der Cournot-Faktor soll minimiert werden. Da auch der minimale Heizbedarf $Q_{h,min}$ so klein wie möglich sein soll, gilt, daß das Produkt $Q_{h,min,ex}$ ebenfalls minimiert werden muß. Wenn für eine Alternative mehr als ein Heizmittel mit unterschiedlichen Temperaturen benötigt wird, wird die Kennzahl als Summe der entsprechenden Abschnitte gebildet.

- **Kalter Cournot-Faktor $(1 - T_u / T_{Kühlmittel})$.** Analog zur heißen Seite ist auch auf der kalten Seite der Exergiefluß zu berücksichtigen. Für den minimal erforderlichen kalten Exergiebedarf gilt: $Q_{k,min,ex} = (1 - T_u / T_{Kühlmittel}) * Q_{k,min}$. Der minimale Kühlbedarf $Q_{k,min}$ soll, vergleichbar zur heißen Seite, so gering wie möglich sein. Der Cournot-Faktor verhält sich aber umgekehrt: Er soll so groß wie möglich werden: Wenn gekühlt wird, dann mit möglichst kostengünstigem „warmen" Kühlmittel. Im Gegensatz zur heißen Seite läßt sich auf der kalten Seite der kalte Exergiebedarf $Q_{k,min,ex}$ nicht als eindeutige Kennzahl auffassen. Der Cournot-Faktor und der minimal erforderliche Kühlbedarf müssen prinzipiell als zwei separate Kennzahlen aufgefaßt werden. Da letztere schon implizit in der integrierten, potentiellen Austauschleistung $Q_{Austausch}$ enthalten ist, ist an dieser Stelle nur der Cournot-Faktor von weiterem Interesse. Falls eine Alternative wiederum mehrere Kühlmittel mit verschiedenen Temperaturen benötigt, wird der Cournot-Faktor entsprechend gewichtet gebildet.

- **Komplexitätsfaktor K.** Es macht einen Unterschied, ob eine bestimmte Wärmeleistung mit einer einzigen Verschaltung prozeßintern ausgetauscht werden kann oder ob dafür mehrere Kopplungen benötigt werden. Die Anzahl der potentiellen Kopplungen einer Alternative wird daher von Experten bei der Beurteilung berücksichtigt. Sie stellt ein Maß für die Komplexität dar und soll im folgenden als Komplexitätsfaktor K bezeichnet werden.

Mit $Q_{Austausch}$, $Q_{h,min,ex}$, $(1 - T_u / T_{Kühlmittel})$ und K stehen also vier Kennzahlen zur Verfügung, mit denen die Qualität einer Alternative beurteilt werden kann. Einzeln betrachtet, sollen $Q_{Austausch}$ und $(1 - T_u / T_{Kühlmittel})$ maximiert werden, $Q_{h,min,ex}$ und K minimiert werden. Die absoluten Werte haben dabei nur eine geringe Aussagekraft. Entscheidend sind die Kennzahlen relativ zueinander.

4.4.3.7.2 Verarbeitung der Kenngrößen

Bei der Verarbeitung von Informationen werden bestimmte Wahlheuristiken verwendet. Beachtenswert ist, daß oftmals mehrphasige Entscheidungsstrategien eingesetzt werden, in denen unterschiedliche Wahlheuristiken verwendet werden. Eine Übersicht über in empirischen Untersuchungen identifizierte Wahlheuristiken findet sich beispielsweise bei /Wrig75, Bett79, Kuß93/.

Es hat sich gezeigt, daß das Entscheidungsverhalten von Experten bei der Energieintegration recht gut durch eine zweiphasige Strategie abgebildet werden kann /Wolf96a/.

In der ersten Phase findet eine schnelle, grobe Vorsortierung der Alternativen mittels der lexikographischen Wahlheuristik statt. Zunächst werden die vier Kennzahlen in eine ihrer Bedeutung entsprechende Reihenfolge gebracht /Wolf96a/:

1) Potentielle Austauschleistung $Q_{Austausch}$
2) Minimal erforderlicher heißer Exergiebedarf $Q_{h,min,ex}$
3) Kalter Cournot-Faktor $(1 - T_u / T_{Kühlmittel})$
4) Komplexitätsfaktor K

Lediglich bei Tieftemperaturprozessen kommt der Exergie auf der kalten Seite eine größere Bedeutung als auf der heißen Seite zu. In diesem Fall wird der kalte Cournot-Faktor eine größere Bedeutung als der minimal erforderliche heiße Exergiebedarf haben.

Anschließend vergleicht man alle Alternativen hinsichtlich $Q_{Austausch}$, der wichtigsten Kennzahl. Die Alternative, die am besten abschneidet, gilt, unabhängig von den anderen Kennzahlen, als die insgesamt beste Alternative. Haben mehrere Alternativen bezüglich der ersten Kennzahl die gleiche Bewertung, wird für die Auswahl unter diesen die zweitwichtigste Eigenschaft, $Q_{h,min,ex}$, herangezogen usw.

In der zweiten Phase werden einige wenige, in der ersten Phase für „gut" befundene Alternativen näher untersucht. Hier spielen detailliertere Wahlheuristiken eine Rolle, für die individuelle Präferenzfunktionen zu bestimmen wären. Beispielsweise wäre zu bestimmen, wieviel besser eine Alternative bezüglich einer Kennzahl, z.B. $Q_{h,min,ex}$, sein müßte, um eine geringfügig schlechtere Bewertung bezüglich einer „wichtigeren" Kennzahl, in diesem Beispiel $Q_{Austausch}$, auszugleichen. Solche individuellen Präferenzfunktionen sind zwar prinzipiell bestimmbar, aber nicht übertragbar. Sie sind nur für den jeweiligen Experten in der jeweiligen Entscheidungssituation gültig.

4.4.4 Wärmetechnische Prozeßanalyse

Das Ergebnis der wärmetechnischen Prozeßsynthese sind eine oder mehrere Prozeßstruktur-Alternativen mit unterschiedlichen Betriebszuständen für die *wärmetechnischen Hauptelemente* (vergl. Glossar). Für die *wärmetechnischen Neben-elemente* (vergl. Glossar) wurden bisher noch keine Festlegungen hinsichtlich der Betriebs-bedingungen getroffen. Dies erfolgt in der wärmetechnischen Prozeßanalyse.

Wenn so die gesamte Prozeßstruktur festgelegt ist, können weitergehende Analysen erfolgen. Es kann untersucht werden, wie das energetische und exergetische Potential für die Wärmeintegration reagiert, wenn bestimmte Prozeßparameter variiert werden.

4.4.4.1 Auswahl des Betriebszustands für unabhängige wärmetechnische Nebenelemente

Die *unabhängigen wärmetechnischen Nebenelemente* (vergl. Glossar) werden bei der Wärmeintegration prinzipiell berücksichtigt, haben aber einen verhältnismäßig geringen externen Energiebedarf und werden bei der Wahl ihres Betriebszustandes nur in relativ engen Grenzen variiert werden können.

Für diese Elemente müssen Entscheidungen über die elementspezifischen Parameter erfolgen. Wärmetechnische Überlegungen werden dabei seltener eine Rolle spielen. Beispielsweise wird man die Parameter einer Extraktion (Betriebstemperatur, -druck, eventuell Rücklauf, Lösungsmittel/Feed-Verhältnis usw.) so einstellen, daß die Trennaufgabe ermöglicht wird. Solange keine Wärmeeffekte, z.B. Abführung von Lösungs-wärmen oder Mischungswärmen, überkritische Zustände usw. eine Rolle spielen, ist die Ausprägung der Mischungslücke bei der Wahl der Betriebstemperatur entscheidend und nicht wärmetechnische Überlegungen /Hauc98/.

4.4.4.2 Anpassung der abhängigen wärmetechnischen Nebenelemente

Der Energiebedarf der *abhängigen wärmetechnischen Nebenelemente* (vergl. Glossar) wurde im Base Case nach den in den Kapiteln 4.3.1.1- 4.3.1.4 erläuterten Regeln gewählt. Da nun im Rahmen der wärmetechnischen Prozeßsynthese die Betriebszustände der Hauptelemente geändert wurden, müssen auch die Betriebsbedingungen der Nebenelemente neu angepaßt werden. Dabei kommen wiederum die in den Kapiteln 4.3.1.1- 4.3.1.4 angeführten Regeln zur Anwendung.

Um die sich neu ergebenden Energiebedarfe der wärmetechnischen Nebenelemente exakt zu ermitteln, müßten sie für jede bisher verfolgte Alternative neu simuliert werden. Dies würde einen hohen Aufwand erfordern, da die Alternativenanzahl sehr groß sein kann. Aus diesem Grund wurden schon bei der wärmetechnischen Prozeßsynthese für die wärme-technischen Hauptelemente die Prämissen konstanter Wärmeleistungen und konstanter Temperaturgradienten über den Kolonnen gesetzt (vergl. Kapitel 4.4.3). Um nun bei der wärmetechnischen Prozeßanalyse ebenfalls Simulationen zu vermeiden, wird jetzt für die Prozeßströme der wärmetechnischen Nebenelemente die Prämisse konstanter CP-Werte gesetzt. Der CP-Wert wird definiert:

$$CP = m * c_p = Q / \Delta T \text{ (ohne Phasenübergang)}$$
$$CP = m * \Delta h / \Delta T = Q / \Delta T \text{ (mit Phasenübergang)}$$

Für Reinstoffe oder für Ströme mit sehr geringer Temperaturänderung wird ein Wert von ΔT = 0,1 K angenommen, um einen „unendlich" großen CP-Wert zu vermeiden.

Diejenigen Prozeßströme, die einen Phasenübergang und zusätzlich eine Phase der Temperaturerhöhung oder -verringerung durchlaufen (z.B. flüssig siedendes Reaktoredukt wird verdampft und anschließend überhitzt), werden zerlegt. Für sie werden separate CP-Werte für den Phasenübergang und für die Phase einfacher Erwärmung bzw. Abkühlung gebildet, denn die CP-Werte des Phasenübergangs werden normalerweise deutlich größer sein. Die Bildung eines einzigen CP-Wertes würde zu einer zu großen Verzerrung bei der Abbildung des realen Verhaltens führen.

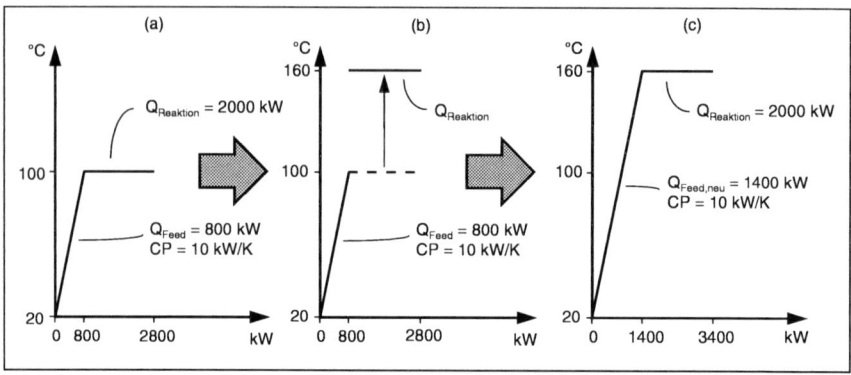

Abbildung 4.8: Anpassung des Wärmebedarfs eines Reaktorfeed-Vorwärmers als Folge einer Erhöhung der Reaktionstemperatur

Die Abbildung 4.8 verdeutlicht das Vorgehen in einem Temperatur-Enthalpie-Diagramm. Teil (a) zeigt die Situation des Base Case für einen exothermen, isotherm geführten Reaktor und einen Feedvorwärmer. Der Feed wird von 20°C auf Reaktionstemperatur, d.h. 100°C, vorgewärmt. Der Wärmebedarf beträgt Q_{Feed} = 800 kW, es ergibt sich damit für den Feed ein CP-Wert von CP = 800 kW / (100 - 20)K = 10 kW/K. Die freiwerdende Reaktionswärme beträgt $Q_{Reaktion}$ = 2 MW. Wird im Rahmen der wärmetechnischen Prozeßsynthese die Reaktionstemperatur auf 160°C erhöht, bleibt die Wärmeleistung prämissengemäß weiterhin $Q_{Reaktion}$ = 2 MW (Abbildung 4.8 (b)). Allerdings muß der Wärmebedarf des Feedvorwärmers unter der Prämisse konstanten CP-Werts angepaßt werden: $Q_{Feed,neu}$ = CP * (160 - 20)K = 10 kW/K * 140 K = 1400 kW (Abbildung 4.8 (c)). Durch diese Anpassung wird das in Kapitel 4.3.1.2 beschriebene wärmetechnische Potential gewonnen. Die Anpassung erfolgt also auch dann, wenn es aus reaktionstechnischen Gründen gar nicht nötig wäre, den Feed so weit aufzuheizen.

4.4.4.3 Ermittlung der korrespondierenden Drücke

Noch keine Aussagen wurden bisher für die Betriebsdrücke der Prozeßelemente getroffen. Die Auswahl der Betriebszustände der wärmetechnischen Hauptelemente erfolgte ausschließlich über die Betriebstemperaturen (vergl. Kapitel 4.4.3.4 - 4.4.3.6). Die wärme- technischen Nebenelemente wurden ebenso über die Temperaturen angepaßt. Auch das

Ergebnis der Ermittlung der Betriebsvariablengrenzen sind Temperaturen: die obere und untere Betriebsgrenze (siehe Abschnitt 4.4.2.1.5).

Zur Analyse der Prozeßstruktur in What-if-Szenarien (siehe Kapitel 4.4.4.5) und für die letztlich im Rahmen der wärmetechnischen Prozeßselektion durchzuführenden Simulationen (siehe Kapitel 4.4.5) müssen aber die jeweiligen Drücke ermittelt werden.

Für die Ermittlung des Betriebsdrucks von Kolonnen berechnet man den Dampfdruck, der zu der jeweiligen Siedetemperatur am Kopf gehört. Der Betriebsdruck von Reaktoren ergibt sich normalerweise aus reaktionstechnischen Randbedingungen, nur in Ausnahmefällen (z.B. Betrieb mit Siedekühlung) folgt er unmittelbar aus der Reaktortemperatur.

Die Drücke der unabhängigen wärmetechnischen Nebenelemente werden über element-spezifische Anforderungen bestimmt (siehe Kapitel 4.4.4.1).

Die Drücke der abhängigen wärmetechnischen Nebenelemente werden gemäß den in den Kapiteln 4.3.1.1 - 4.3.1.4 beschriebenen Vorgehensweisen bestimmt.

Die zu den oberen und unteren Betriebsgrenzen korrespondierenden Drücke werden bei Kolonnen über den Dampfdruck und bei Reaktoren über reaktionstechnische Anforderungen bestimmt.

Erst durch die Berechnung aller Betriebsdrücke wird die wärmetechnische Prozeßstruktur vollständig fixiert.

4.4.4.4 Bewertung

Damit man in What-If-Szenarien die Effekte der Variation einzelner Parameter analysieren kann, ist wieder eine geeignete Bewertung erforderlich. Prinzipiell gelten weiter die Ausführungen der Kapitel 4.4.3.7.1 und 4.4.3.7.2. Weiterhin ist es in diesem Bearbeitungs-zustand noch nicht möglich, eine Gesamtkostenfunktion zur Bewertung heranzuziehen, da das Wärmeaustauschernetzwerk noch nicht entwickelt wurde.

Allerdings werden jetzt alle wärmetechnischen Elemente betrachtet, nicht nur die Hauptelemente. Das Kennzahlensystem der wärmetechnischen Prozeßanalyse muß entsprechend modifiziert werden. Zur Kennzahlenverarbeitung wird wieder die lexikographische Wahlheuristik verwendet.

Die modifizierten an dieser Stelle verwendeten Kennzahlen sind in der Reihenfolge abnehmender Bedeutung aufgeführt und sollen kurz erläutert werden:

1) Minimal erforderlicher Heizbedarf $Q_{h,min}$
2) Minimal erforderlicher Kühlbedarf $Q_{k,min}$
3) Minimal erforderlicher heißer Exergiebedarf $Q_{h,min,ex}$
4) Kalter Cournot-Faktor $(1 - T_u / T_{Kühlmittel})$

- **Minimal erforderlicher Heizbedarf $Q_{h,min}$.** Da jetzt sämtliche Wärmeströme des Prozesses berücksichtigt werden, ist ihre einfache Darstellung in einem Temperatur-Enthalpie-Diagramm (vergl. Kapitel 4.4.3.4 - 4.4.3.6) bei der Bewertung nicht hilfreich. Man zieht an dieser Stelle vielmehr die wärmetechnischen Summenkurven, die Composite Curves (siehe Kapitel 3.2.1), zur Bewertung heran: Der minimal erforderliche Heizbedarf $Q_{h,min}$ der Prozeßstruktur läßt sich unmittelbar ablesen. Er symbolisiert das heiße wärmetechnische Potential der jeweiligen Struktur. Bis auf diesen Wert läßt sich bei maximaler prozeßinterner Wärmerückgewinnung der externe Bedarf an heißen Betriebsmitteln senken. $Q_{h,min}$ soll also minimiert werden.

- **Minimal erforderlicher Kühlbedarf $Q_{k,min}$.** Analog zum minimal erforderlichen Heizbedarf $Q_{h,min}$ kann man auch den minimal erforderlichen Kühlbedarf $Q_{k,min}$ der Prozeßstruktur aus den Composite Curves ablesen. Auch $Q_{k,min}$ soll minimiert werden. Dieser Wert wird aber in der Regel eine geringere Bedeutung als $Q_{h,min}$. Der überwiegende Teil des Kühlbedarfs läßt sich meist mit kostengünstigem Kühlwasser decken. Bei Tieftemperaturprozessen allerdings gilt dies nicht; in diesem Fall wird der minimal erforderliche Heizbedarf eine geringere Bedeutung als der minimal erforderliche Kühlbedarf haben.

- **Minimal erforderlicher heißer Exergiebedarf $Q_{h,min,ex}$.** Genau wie bei der wärmetechnischen Prozeßsynthese ist nicht nur der minimale Heizbedarf von Interesse, sondern auch dessen Exergie. Gemäß den Ausführungen in Kapitel 4.4.3.7.1 ergibt sich der minimal erforderliche heiße Exergiebedarf $Q_{h,min,ex}$ als Produkt von Cournot-Faktor und minimal erforderlichem Heizbedarf: $Q_{h,min,ex} = (1 - T_u / T_{Heizmittel}) * Q_{h,min}$. Diese Kennzahl soll ebenfalls so gering wie möglich werden: Wenn geheizt werden muß, dann auf so niedrigem Temperaturniveau wie möglich. Werden für eine Prozeßstruktur verschiedene Heizmittel mit verschiedenen Temperaturen benötigt, wird $Q_{h,min,ex}$ entsprechend über die jeweiligen Abschnitte aufaddiert.

- **Kalter Cournot-Faktor $(1 - T_u / T_{Kühlmittel})$.** Für den minimal erforderlichen kalten Exergiebedarf $Q_{k,min,ex} = (1 - T_u / T_{Kühlmittel}) * Q_{k,min}$ gilt wieder die in Kapitel 4.4.3.7.1 erläuterte Problematik: Der Cournot-Faktor soll maximiert werden, $Q_{k,min}$ aber minimiert werden. $Q_{k,min,ex}$ ist folglich als Kennzahl mit eindeutiger Optimierungsanweisung nicht verwendbar. Da $Q_{k,min}$ aber schon als zu berücksichtigende Kennzahl definiert wurde, reicht es jetzt, nur den Cournot-Faktor $(1 - T_u / T_{Kühlmittel})$ als explizite Kennzahl zu verwenden. Bei Tieftemperaturprozessen wird wieder der kalte Cournot-Faktor eine größere Bedeutung als der minimal erforderliche heiße Exergiebedarf haben.

68

Für die generelle Bewertung aller Alternativen erfolgt also zunächst ein Vergleich hinsichtlich der wichtigsten Kennzahl ($Q_{h,min}$), Alternativen mit dem gleichen Wert für $Q_{h,min}$ werden hinsichtlich der nächsten Kennzahl verglichen usw.

4.4.4.5 What-If-Szenarien

Nachdem nun eine Bewertung der einzelnen Alternativen möglich ist, können verschiedene Szenarien betrachtet werden. Der Bearbeiter hat die Möglichkeit, ausgehend von den bisherigen heuristisch erzeugten Alternativen, die Effekte eigener Ideen zu analysieren.

Analysiert werden analog zu der bisher verfolgten Strategie Änderungen der Betriebs-zustände der wärmetechnischen Hauptelemente. Die abhängigen wärmetechnischen Nebenelemente werden dann wiederum an diese angepaßt (siehe Kapitel 4.4.4.2). Jedes so neu entworfene Szenario der wärmetechnischen Prozeßstruktur wird als eigene Alternative angesehen und bewertet (siehe Kapitel 4.4.4.4). Damit nicht für jedes Szenario Simulationen durchgeführt werden müssen, gelten weiter die in den Kapiteln 4.4.3 und 4.4.4.2 getroffenen Annahmen.

An dieser Stelle können natürlich nur diejenigen Parameter der Elemente variiert werden, die für den Lösungsprozeß bisher relevant waren: die Betriebstemperaturen und die Betriebsdrücke. Typisch für die Szenario-Analyse sind etwa folgende Fragen: „Wie ändert sich die wärmetechnische Prozeßstruktur, wenn die Temperatur des Reaktors R um 20°C erhöht wird?" oder „Was geschieht, wenn der Betriebsdruck der Kolonne K um 0,5 bar verringert wird?" Werden Fragen der Druckänderung behandelt, werden wiederum die zu den Drücken korrespondierenden Siedetemperaturen berechnet (vergl. Kapitel 4.4.4.3).

Aus den zur Bewertung verwendeten Kennzahlen $Q_{h,min}$, $Q_{k,min}$, $Q_{h,min,ex}$ und ($1 - T_u / T_{Kühlmittel}$) ergeben sich auch die primär für die Szenarien benötigten Eckpfeiler: die Composite Curves (vergl. Kapitel 3.2.1) und die Grand Composite Curve (vergl. Kapitel 3.2.2). Daher besteht prinzipiell auch die Möglichkeit, im Rahmen der What-if-Szenarien das Plus-/Minus-Principle zu verwenden (siehe Kapitel 3.2.4).

Stellt man dabei die What-If-Szenarien der heuristisch-numerischen Energieintegration dem „reinen" Plus-/Minus-Principle der Pinch Analyse gegenüber, kristallisieren sich deutlich die strategischen Vorteile der What-If-Szenarien heraus:

- Betrachtungsgegenstand der What-If-Szenarien sind Alternativen der bereits heuristisch optimierten wärmetechnischen Prozeßstruktur. Bei dem Plus-/Minus-Principle wird lediglich der Base Case untersucht.

- Bei den What-If-Szenarien können neben Temperaturänderungen auch Druckänderungen analysiert werden, bei dem Plus-/Minus-Principle hingegen besteht die Möglichkeit von Druckänderungen nicht explizit.

- Die What-If-Szenarien berücksichtigen die Grenzen, innerhalb derer die Betriebszustandsvariablen überhaupt geändert werden dürfen. Solche Betriebsvariablengrenzen kennt die Pinch Analyse und damit das Plus-/Minus-Principle nicht.

- Im Gegensatz zum Plus-/Minus-Principle werden die korrespondierenden Wärmeströme von Kolonnen (Kondensator- und Verdampferwärmen) bei What-If-Szenarien nur simultan variiert.

- Nach einer Betriebszustandsänderung eines Hauptapparates werden die abhängigen wärmetechnischen Nebenelemente bei What-If-Szenarien automatisch angepaßt. Unterbleibt solch eine Anpassung wie bei dem Plus-/Minus-Principle, können grobe Verfälschungen entstehen.

- Alle im Rahmen der What-If-Szenario-Technik generierten Alternativen werden unter Beachtung entscheidungstheoretischer Erkenntnisse bewertet. Die Pinch Analyse und damit das Plus-/Minus-Principle stellen zwar die benötigten Kennzahlen zur Verfügung, eine Interpretation liefern sie jedoch nicht.

4.4.5 Wärmetechnische Prozeßselektion

Bei der wärmetechnischen Prozeßsynthese und -analyse wird man zunächst meist eine Vielzahl von Prozeßstrukturen erzeugen und jeweils zum Ende der Synthese- und Analyseschritte viele Alternativen aussondern. Einige wenige, gut erscheinende Alternativen werden letztlich übrig bleiben.

Um zeitaufwendige Simulationen während des bisherigen Problemlösungsprozesses zu vermeiden, wurden die in den Kapiteln 4.4.3 und 4.4.4.2 erläuterten Prämissen gesetzt. Das hat aber zur Folge, daß in Synthese und Analyse nur Näherungslösungen erzielt werden. Vor der abschließenden Netzwerkgenerierung ist nun eine Aufhebung der Prämissen und eine exakte Bestimmung sämtlicher Prozeßparameter notwendig. Das bedeutet, daß an dieser Stelle die noch zur Auswahl stehenden Alternativen neu simuliert werden müssen und so die Prozeßstruktur endgültig fixiert werden muß.

Die einzelnen, bislang nur näherungsweise bestimmten Betriebstemperaturen und -drücke sowie Wärmeleistungen der Prozeßstruktur stellen die Startwerte für die Simulationen dar.

Bei der Simulation werden sich Abweichungen feststellen lassen, beispielsweise werden sich in der Regel bei einer durchgeführten Betriebsdruckerhöhung einer Kolonne die Kondensator- und Verdampferleistung ändern. Kolonnen, deren Betriebsdruck im Vergleich zum Base Case deutlich erhöht oder verringert wurde, sollten an dieser Stelle einer erneuten Stand-Alone Optimierung (vergl. Kapitel 4.3.2) unterzogen werden. Für die abhängigen wärmetechnischen Nebenelemente sind die in den Kapiteln 4.3.1.1 - 4.3.1.4 aufgeführten Regeln zu beachten. Im Rahmen der Simulation sind auch eventuell vorhandene nicht-wärmetechnische Prozeßelemente (z.B. eine Extraktion ohne externen Heiz- oder Kühlbedarf) zu beachten. Bei der Simulation ist weiterhin darauf zu achten, daß die Betriebsvariablengrenzen eingehalten werden bzw. es muß bei ihrer Verletzung geprüft werden, ob dies unter Umständen tolerierbar ist oder nicht. Letzteres wird etwa der Fall sein, wenn die limitierende Größe z.B. ein Betriebsmittel ist (vergl. Abschnitt 4.4.2). Auch muß sichergestellt werden, daß das treibende Temperaturgefälle zwischen den Elementen einer potentiellen Kopplung weiterhin eingehalten wird.

Am Ende der Target-Optimierung stehen eine oder mehrere Alternativen von fixierten, wärmetechnisch optimierten Prozeßstrukturen.

4.5 Realisierung der optimierten Zielvorgaben (Targets)

Bisher wurde noch nicht gesagt, welche konkreten Kopplungen zwischen Prozeßströmen durchgeführt werden sollen, um das durch die Target-Optimierung erzeugte Potential auch wirklich ausschöpfen zu können. Die in Kapitel 4.4 beschriebenen *potentiellen* Kopplungen sind zwar prinzipiell *möglich*, aber *nicht fixiert*. Da im Gegensatz zur wärmetechnischen Prozeßsynthese nun alle Wärmeströme berücksichtigt werden (und nicht nur die Wärmeströme der Hauptelemente), kann es vorkommen, daß ökonomisch bessere Alternativen als die potentiellen Kopplungen existieren.

Aufgabe der Target-Realisierung ist es, das generierte Potential möglichst maximal und möglichst kostengünstig auszuschöpfen. Dies geschieht durch die Generierung des Wärmeaustauschernetzwerks.

4.5.1 Datenextraktion

Bevor man mit der Verschaltung der Wärmeströme beginnen kann, müssen diese zuerst extrahiert werden. Das bedeutet, es muß entschieden werden, welche Parameter der Wärmeströme für die Wärmeintegration überhaupt gebraucht werden. Anschließend müssen sie aus den durchgeführten Simulationen abgegriffen, teilweise ergänzt und gegebenenfalls transformiert werden.

4.5.1.1 Parameter der Datenextraktion

Zunächst werden für alle Wärmeströme die Daten gesammelt, die auch für die Pinch Analyse benötigt werden: die Eingangs- und Ausgangstemperaturen der Wärmeströme T_{ein} und T_{aus} sowie die Wärmeleistungen Q. Hieraus läßt sich der CP-Wert berechnen, der für die Netzwerkgenerierung benötigt wird:

$$CP = m * c_p = Q / (T_{ein} - T_{aus}) \text{ [kW/K] (ohne Phasenübergang)}$$
$$CP = m * \Delta h / \Delta T = Q / \Delta T \text{ [kW/K] (mit Phasenübergang)}$$

Damit für Reinstoffe der CP-Wert nicht „unendlich" groß wird (wegen $T_{ein} - T_{aus} = 0$), wird die Temperaturdifferenz ΔT definiert als:

$$\Delta T = (T_{ein} - T_{aus}) \text{ [K]}, \quad \text{wenn } (T_{ein} - T_{aus}) >= 0,1 \text{ K oder } (T_{ein} - T_{aus}) =< -0,1 \text{ K,}$$
$$\Delta T = 0,1 \text{ K,} \quad \text{wenn } 0 \text{ K} < (T_{ein} - T_{aus}) < 0,1 \text{ K,}$$
$$\Delta T = -0,1 \text{ K,} \quad \text{wenn } -0,1 \text{ K} < (T_{ein} - T_{aus}) < 0 \text{ K}$$

Analog zu Kapitel 4.4.4.2 werden Prozeßströme, die einen Phasenübergang und zusätzlich eine Phase der Temperaturerhöhung oder -verringerung durchlaufen, zerlegt: Für sie werden separate CP-Werte für den Phasenübergang und für die Phasen einfacher Erwärmung bzw. Abkühlung gebildet. Bezüglich der Tabelle 4.2 bildet jeder Abschnitt einen einzelnen Wärmestrom. Prinzipiell werden die CP-Werte näherungsweise als Konstanten angesehen, es kann aber Ausnahmen geben. Hierauf wird im nächsten Kapitel 4.5.1.2 eingegangen.

Die Wärmeströme lassen sich über den CP-Wert typologisieren: Wärmeströme mit einem positiven CP-Wert geben Wärme ab, sie werden als „heiße Ströme" bezeichnet. Wärmeströme mit einem negativen CP-Wert werden entsprechend „kalte Ströme" genannt.

Im Verlauf der Generierung des Wärmeaustauschernetzwerks werden ökonomische Überlegungen erfolgen (siehe Kapitel 4.5.5.1.2.3), hierfür werden unter anderem auch die Apparatekosten benötigt. Zu deren Abschätzung verwendete Methoden (siehe Kapitel 4.4.5.1.2.3) benötigen neben Temperaturen und Wärmeleistungen Angaben über Betriebsdrücke, Wärmedurchgangskoeffizienten und Werkstoffe. Deshalb muß jedem Wärmestrom an dieser Stelle eine Angabe über Druck, Wärmeübergangskoeffizienten und erforderlichen Werkstoff zugeordnet werden. Der Druck p [MPa] kann dabei wieder aus der Simulation abgegriffen werden. Der Wärmeübergangskoeffizient α [W/m²K] hingegen kann nicht der Simulation entnommen werden, er muß vom Benutzer festgelegt werden. α hängt real auch von der Wärmeaustauscherbauart ab, Plattenwärmeaustauscher werden beispielsweise einen besseren Wärmeübergang als Rohrbündelwärmeaustauscher haben. Die Bauart ist zu diesem Zeitpunkt aber noch unbekannt, da ja noch nicht einmal festgelegt ist, welche Prozeßströme überhaupt miteinander gekoppelt werden. Daher sollte man an dieser Stelle Rohrbündelwärmeaustauscher annehmen, erstens dominiert dieser Typ in der Praxis, zweitens liegt man damit auf der „sicheren Seite". Auf /Linn82/ gehen die in Tabelle 4.1 aufgelisteten Empfehlungen zurück.

Rohrbündelwärmeaustauscher	α [W/m²K]
Gase (ca. 1 bar)	110
Gase (ca. 20 bar)	600
Prozeßwasser	1500
Kühlwasser, vorbehandelt	2500
Niederviskose organische Flüssigkeiten	1000
hochviskose Flüssigkeiten	150 - 180
Kondensierender Dampf	4500
siedendes, enthärtetes Wasser	2100
siedende organische Flüssigkeiten	1000

Tabelle 4.1: Empfohlene Wärmeübergangskoeffizienten nach /Linn82/

Bei der für Kostenansätze benötigten Werkstoffwahl können natürlich nur diejenigen Werkstoffe einem Wärmestrom zugeordnet werden, die in dem jeweiligen Kostenansatz berücksichtigt werden. Der Kostenansatz legt also die zur Auswahl stehenden Werkstoffe fest, der Bearbeiter muß dann die Auswahl treffen.

Das vorläufige Ergebnis der Datenextraktion stellt sich damit als folgendes Tableau dar:

Wärmestrom	Typ	T_{ein} [K]	T_{aus} [K]	CP [kW/K]	Q [kW]	p [MPa]	α [W/m²K]	Werk-stoff
Strom 1	...	...	...	...	...	...	...	...
Strom 2	...	...	...	...	...	...	...	...
...	...	...	...	...	...	...	...	...
...	...	...	...	...	...	...	...	...

Tabelle 4.2: Tableau der extrahierten Wärmeströme

4.5.1.2 Segmentierung von Wärmeströmen

Wie im vorherigen Kapitel erläutert wurde, wird für alle Wärmeströme ein jeweils konstanter CP-Wert angenommen. In der Regel ist diese Näherung für Wärmeströme ohne Phasenübergang sinnvoll, denn der CP-Wert wird sich im Temperaturintervall des Stroms allenfalls geringfügig ändern.

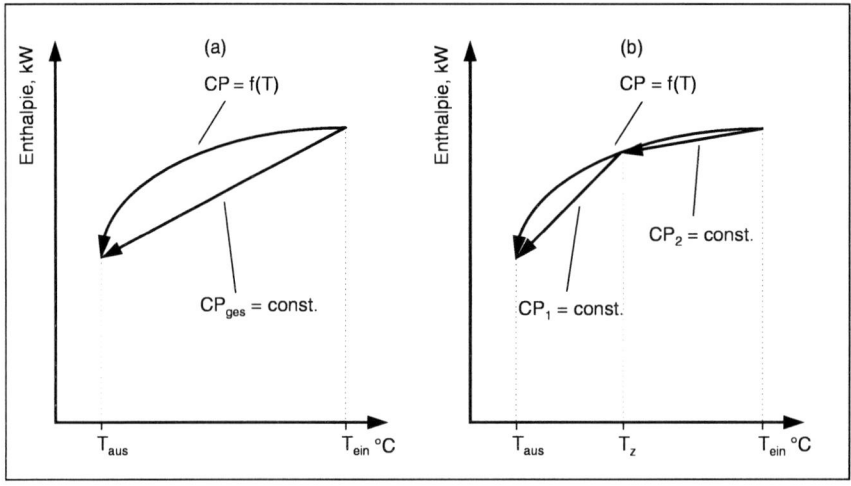

Abbildung 4.9: Kondensationskurve mit linearer Näherung (a) sowie Segmentierung (b)

Auch für Verdampfer ist dieses Vorgehen sinnvoll, denn das Temperaturintervall, in dem die Wärme an den verdampfenden Strom übertragen wird, wird sehr gering sein: In einem

Verdampfer wird real in jedem Umlauf an der Wärmeübertragungsstelle nur ein vergleichsweise kleiner Teil des Stromes verdampft. Für die Eintrittstemperatur T_{ein} des Wärmestroms ist die im Verdampfer herrschende Siedetemperatur anzusetzen; die Austrittstemperatur T_{aus} wird nur marginal höher sein. Der Fehler zwischen der realen CP-Funktion CP = f(T) und konstantem CP-Wert ist vernachlässigbar klein.

Anders verhält sich die Situation in einem (Total-) Kondensator: An der Wärme-übertragungsstelle tritt der zu kondensierende Strom mit der Kondensationstemperatur ein und wird bis auf die Siedetemperatur abgekühlt. Bei einem Mehrstoffstrom kann der zu durchlaufende Temperaturgradient relativ groß werden. Dadurch kann der Fehler zwischen realem CP = f(T) und konstantem CP = const. bei einer stark nichtlinearen Kondensationskurve im Vergleich zu einem Verdampfer groß werden (siehe Abbildung 4.9 (a)). Da die reale CP-Kurve über der Geraden liegt, die den konstanten CP-Wert darstellt (also bei höheren Temperaturen), verliert man wärmetechnisches Potential. Dieses wird durch die Differenz zwischen CP = f(T) und CP = const. beschrieben.

Den Fehler und damit den Potentialverlust kann man durch eine Segmentierung verkleinern. Die reale Kondensationskurve wird nicht durch eine einzige Gerade ersetzt, sondern durch zwei oder mehrere Geradenabschnitte. Die Abbildung 4.9 (b) zeigt eine zweistufige Segmentierung für die Kondensation. Man erkennt, daß der Potentialverlust durch die Segmentierung verringert wird. Der zu der Kondensation gehörende Wärmestrom

$$Q = CP_{ges} * (T_{ein} - T_{aus})$$

wird nicht mehr in *einem Intervall* definiert, sondern in *zwei Segmenten*. Es handelt sich aber immer noch um *einen Wärmestrom*.

$$Q = CP_1 * (T_{ein} - T_z), \quad \text{wenn } T_z =< T =< T_{ein},$$
$$Q = CP_2 * (T_z - T_{aus}), \quad \text{wenn } T_{aus} =< T =< T_z$$

Die Abbildung 4.9 zeigt, daß man ohne eine Segmentierung bei einem stark nichtlinearen Kondensationskurvenverlauf einen Fehler macht. Andererseits wird das reale Potential *unterschätzt*, nicht aber *überschätzt*: CP = const. wird *nicht oberhalb* von CP = f(T) liegen, sondern *unterhalb*. Durch eine einfache lineare Näherung befindet man sich also auf der „sicheren Seite". Wenn man noch bedenkt, daß der gemachte Fehler absolut gesehen deutlich geringer ist als z.B. der Fehler der Schätzung der Wärmeaustauscherkosten, kann im allgemeinen auf die Segmentierung verzichtet werden. Im Rahmen der programm-technischen Umsetzung dieser Arbeit wird die Segmentierung daher nicht betrachtet.

4.5.1.3 Separierung von Wärmeströmen

Im Unterschied zur einfachen Segmentierung kann es Situationen geben, in denen ein Wärmestrom nicht nur in zwei oder mehrere Segmente unterteilt werden sollte, sondern die Segmente auch wie vollkommen separate Wärmeströme betrachtet werden sollten. Dies ist dann der Fall, wenn ein Wärmestrom in unterschiedlichen Temperaturintervallen verschiedene, deutlich unterschiedlich teure Werkstoffe benötigt. Würde man solch einen Strom lediglich *segmentieren*, aber prinzipiell als *einen* Strom behandeln, hätte das die Konsequenz, daß für den *gesamten* Temperaturbereich der robustere, teure Werkstoff dem Strom für den weiteren Lösungsprozeß zugeordnet werden müßte. In der Regel wird man real nicht einen Wärmeaustauscher mit unterschiedlichen Werkstoffen für einzelne Ab-schnitte bauen.

Durch die *Separierung* erreicht man, daß die Abschnitte, die mit einem kostengünstigen Werkstoff auskommen, diesen auch zugeordnet bekommen. Das hat zur Folge, daß diese einzelnen Abschnitte im weiteren Lösungsprozeß als eigenständige Wärmeströme mit ihren entsprechenden Wärmeleistungen betrachtet werden. Ein Beispiel soll das verdeutlichen: Ein u.a. HCl- und H_2O-haltiger Gasstrom soll abgekühlt werden, die gesamte Wärmeleistung ist Q. Als Werkstoff reicht normaler Kohlenstoffstahl aus. Falls während der Abkühlung ab einer bestimmten Temperatur T_K Wasserspuren auskondensieren, ist ab dieser Temperatur wegen der dann auftretenden Korrosion ein teurer Sonderwerkstoff einzusetzen. Der ursprüngliche Wärmestrom

$$Q = CP_{ges} * (T_{ein} - T_{aus})$$

wird separiert zu

$$Q_1 = CP_1 * (T_{ein} - T_K) \text{ und}$$
$$Q_2 = CP_2 * (T_K - T_{aus})$$

mit

$$Q = Q_1 + Q_2.$$

76

Dem durch Q_1 definierten Wärmestrom könnte weiterhin Kohlenstoffstahl als Werkstoff zugeordnet werden (vergl. Tabelle 4.2), Q_2 aber ein entsprechender Sonderwerkstoff.

4.5.2 Kopplungsverbote

Im Rahmen der Generierung der potentiellen Kopplungen wurden die wärmetechnischen Hauptelemente bereits auf verbotene Kopplungen hin untersucht (siehe Kapitel 4.4.3.1). Die dort ausgeschlossenen Kopplungspaare werden natürlich auch für die Target-Realisierung übernommen.

Für die Target-Realisierung werden neben den wärmetechnischen Hauptelementen aber auch die wärmetechnischen Nebenelemente betrachtet. Daher müssen die in Kapital 4.4.3.1 angeführten Verbotsregeln für die noch nicht betrachteten Kopplungspaare ebenfalls durchlaufen werden. Auch die Betriebsmittel sind an dieser Stelle in die Untersuchung einzubeziehen.

4.5.3 Vorgabekopplungen

Vor der Generierung des Wärmeaustauschernetzwerks unter Beachtung von Regeln, die sich aus der Pinch Analyse ergeben (siehe Kapitel 4.5.5), besteht die Möglichkeit, bestimmte Kopplungen von vornherein durchzuführen.

Dabei handelt es sich zum einen um die potentiellen Kopplungen, die sich in der wärmetechnischen Prozeßsynthese ergeben haben, und zum anderen um Kopplungen, die aus verfahrenstechnischen Gründen realisiert werden können oder zunächst notwendig erscheinen. Dieses Vorgehen soll im folgenden diskutiert werden.

4.5.3.1 Realisierung der „potentiellen" Kopplungen aus dem Synthese-Schritt

Während der wärmetechnischen Prozeßsynthese wurde die Möglichkeit geschaffen, bestimmte Kopplungen, die potentiellen Kopplungen, durchführen zu können (vergl. Kapitel

4.4.3). Dieses Potential könnte bereits jetzt realisiert werden, die Kopplungen könnten also durchgeführt werden.

Der Vorteil dieser Vorgehensweise ist, daß das verbleibende Restproblem deutlich vereinfacht wird; die Zahl der noch zu analysierenden Wärmeströme verringert sich. Außerdem werden die bereits an den potentiellen Kopplungen beteiligten Wärmeströme zu den größten und damit dominierenden Wärmeströmen gehören. Mit der Realisierung der potentiellen Kopplungen wird dadurch in der Regel bereits ein Großteil des gesamten zur Verfügung stehenden Potentials ausgeschöpft.

Diese Vorgehensweise hat aber auch einen entscheidenden Nachteil: Bei der Synthese der potentiellen Kopplungen werden nur die wärmetechnischen Hauptelemente betrachtet. Es kann daher stets passieren, daß die Realisierung einer bestimmten potentiellen Kopplung zwar eine ökonomisch gute Lösung darstellt, bei Einbeziehung der wärmetechnischen Nebenelemente aber ökonomisch bessere Lösungen existieren. Ein Beispiel könnte sein, daß die potentielle Kopplung des Kondensators K1 einer Kolonne 1 mit einem Verdampfer V2 der Kolonne 2 eine gute Lösung darstellte, aber es im Hinblick auf das globale Optimum noch besser wäre, K1 mit dem Feedvorwärmer W1 der Kolonne 1 zu koppeln.

Daher sollte prinzipiell auf das unreflektierte Realisieren der potentiellen Kopplungen in dieser Phase verzichtet werden. Im weiteren Verlauf des Lösungsprozesses wird das Wärmeaustauschernetzwerk unter Beachtung von Pinch-Regeln erzeugt, erst dann sollten die endgültigen Entscheidungen für oder gegen die jeweiligen potentiellen Kopplungen getroffen werden.

4.5.3.2 Kopplungen aus verfahrenstechnischen Gründen

In der Praxis werden häufig Kopplungen durchgeführt, die sich aus verfahrenstechnischen Gründen anzubieten scheinen, ohne daß der Gesamtprozeß weiter beachtet wird. Es handelt sich um Wärmeverschaltungen, die an einem einzigen oder um ein einziges Verfahrenselement herum durchgeführt werden können. Beispiele sind etwa die Feedvorwärmung eines exothermen Reaktors mit dem heißen Reaktorausgang oder die Verschaltung eines Kopfkondensators einer Kolonne mit ihrem Feedvorwärmer.

Führt man solche, für sich betrachtet vermeintlich sinnvolle Kopplungen durch, können sich stets Verletzungen der Pinch-Regeln ergeben, und Wärme kann über den Pinch hinweg übertragen werden (vergl. Kapitel 4.5.5). Kopplungen aus vermeintlichen verfahrenstechnischen Gründen können im Hinblick auf die Gesamtkostenminimierung kontraproduktiv sein.

Der gesamte Prozeß sollte immer im Gesamtkontext analysiert werden. Es sollten nur solche Kopplungen letztlich realisiert werden, die die Pinch-Regeln (vergl. Kapitel 4.5.5) nicht verletzen und ökonomisch sinnvoll sind. Unbestritten ist dabei, daß Kopplungen um ein einziges Verfahrenselement herum oftmals relativ kostengünstig sein werden (geringer Verrohrungsbedarf usw.) und daher energetisch vergleichbaren anderen Kopplungsalternativen meist wirtschaftlich überlegen sind.

4.5.4 Optimale minimale Temperaturdifferenz $\Delta T_{min,opt}$

Das Wärmeaustauschernetzwerk wird unter Beachtung von aus der Pinch Analyse abgeleiteten Regeln durchgeführt (siehe Kapitel 4.5.5). Ausgangspunkt sind die bereits vorgestellten Konzepte der Composite Curves (Kapitel 3.2.1), Grand Composite Curve (Kapitel 3.2.2) und Balanced Composite Curves (Kapitel 3.2.3).

Eine Schlüsselgröße stellt dabei die Wahl der am Pinch einzuhaltenden minimalen Temperaturdifferenz ΔT_{min} (vergl. Kapitel 3.2.1) dar. Sie beeinflußt das Gesamtergebnis, also die Gesamtkosten des Prozesses, maßgeblich. Als einzige Möglichkeit, den wirklich optimalen Wert $\Delta T_{min,opt,exakt}$ für ΔT_{min} zu ermitteln, also dasjenige ΔT_{min}, das letztlich die Gesamtverfahrenskosten minimiert, verbleibt für alle in Frage kommenden Werte für ΔT_{min} ein komplettes Wärmeaustauschernetzwerk zu entwickeln und die Gesamtkosten zu vergleichen.

Dieses Vorgehen ist aber sehr zeitaufwendig und damit nicht praktikabel. Wünschenswert ist daher eine Näherungsmethode, mit deren Hilfe eine Näherungslösung $\Delta T_{min,opt}$ abgeschätzt werden kann. Für einige wenige Werte von ΔT_{min}, die in der Nähe des geschätzten Optimums $\Delta T_{min,opt}$ liegen, kann dann das vollständige Wärmeaustauschernetzwerk generiert werden und dadurch das „wahre" Optimum $\Delta T_{min,opt,exakt}$ gefunden werden.

Im Rahmen dieser Arbeit wurde daher eine Short-Cut-Methode entwickelt, mit deren Hilfe man $\Delta T_{min,opt}$ ermitteln kann. Sie ist an das Supertargeting angelehnt, dessen Prinzip in Kapitel 3.2.5 erläutert wurde.

4.5.4.1 Abgrenzung zum Supertargeting

Die entwickelte Short-Cut-Methode grenzt sich vom Supertargeting durch eine andere Zielsetzung ab:

Die Idee des Supertargetings liegt primär im Setzen einer Zielvorgabe für die Gesamtkosten des Wärmeaustauschernetzwerks. Diese Zielvorgabe stellt das übergeordnete Supertarget dar (siehe Kapitel 3.2.5), das der Bearbeiter im Verlauf der Entwicklung des Wärmeaustauschernetzwerks einhalten soll. Die zum Supertarget gehörende optimale minimale Temperaturdifferenz (vergl. Abbildung 3.5) ist das sekundäre Ergebnis der Prozedur.

Da das Supertarget gemäß seiner Idee normativen Charakter hat, d.h. eine verbindliche Zielvorgabe darstellt, wird auch für die zum Supertarget gehörende minimale Temperaturdifferenz in Anspruch genommen, das „wahre" Optimum, also $\Delta T_{min,opt,exakt}$ (vergl. vorherigen Abschnitt), zu sein /Fern90/.

Das Supertargeting weist allerdings eine entscheidende Modellschwäche auf: Es beruht auf dem Konzept der Superströme (siehe Kapitel 3.2.5). Nach der hier vertretenen Ansicht entsteht allein dadurch ein so großer Fehler, daß das Supertargeting seinem normativen Charakter nicht genügen kann.

In dieser Arbeit wird folglich der normative Charakter aufgegeben. Das Supertargeting wird durch eine Näherungsmethode ersetzt, mit deren Hilfe lediglich $\Delta T_{min,opt}$ geschätzt (vergl. vorherigen Abschnitt) und nicht das „wahre" Optimum $\Delta T_{min,opt,exakt}$ berechnet werden soll. Für verschiedene, in der Nähe von $\Delta T_{min,opt}$ liegende Werte von ΔT_{min} kann dann bei Bedarf das gesamte Wärmeaustauschernetzwerk entwickelt werden. Das ΔT_{min}, zu welchem dann die niedrigsten Gesamtkosten des Netzwerkes gehören, stellt das „wahre" Optimum $\Delta T_{min,opt,exakt}$ dar.

Durch diese andere Zielsetzung wird die Short-Cut-Methode auch nicht in einem solchen Feinheitsgrad formuliert, wie es beim Supertargeting (siehe z.B. /Fern90/) der Fall ist. Es erscheint nicht sonderlich nützlich, ein Modell, das schon in seiner Grundkonzeption einen entscheidenden Modellfehler hat, beliebig weiter zu verfeinern. Der Modellfehler kann mit Verfeinerungen nicht eliminiert werden.

4.5.4.2 Short-Cut-Methode

Die hier verwendete Short-Cut-Methode ist an das Supertargeting (siehe Kapitel 3.2.5) angelehnt.

Die Gesamtkosten des Wärmeaustauschernetzwerks werden als Summe der Abschreibungen für die Wärmeaustauscher und der Betriebsmittelkosten geschätzt (siehe Kapitel 4.5.6). Die Grundlage bildet das Konzept der Superströme (vergl. Kapitel 3.2.5).

4.5.4.2.1 Schätzung der Investitionskosten

Man variiert die minimale Temperaturdifferenz ΔT_{min} innerhalb eines sinnvoll erscheinenden Intervalls (z.B. 10 - 30 K). Für jedes ΔT_{min} wird eine komplette Pinch Analyse durchgeführt. Man unterteilt die Composite Curves (siehe Kapitel 3.2.1) an jedem Abschnitt und behandelt jeden Abschnitt wie einen fiktiven Gegenstromwärmeaustauscher mit heißem und kaltem Superstrom (vergl. Abbildung 3.6). Im Heizbereich wird dabei das in jedem Abschnitt billigste Betriebsmittel als heißer Strom verwendet. Im Kühlbereich wird analog das billigste mögliche Kühlmittel verwendet.

Für jeden Abschnitt werden die Wärmeaustauscherkosten nach der Wärmeaustauscher-grundgleichung geschätzt:

$$A = Q_j / (F * k * \Delta T_{ln})$$

A stellt die Wärmeaustauscherfläche dar, k den Wärmedurchgangskoeffizienten, Q_j die Austauschleistung eines Abschnittes und ΔT_{ln} die logarithmische Temperaturdifferenz. F ist ein Korrekturfaktor, der berücksichtigt, daß z.B. bei einem sogenannten 1-2-Rohrbündelwärmeaustauscher (ein „Gang" mantelseitig und zwei „Gänge" rohrseitig) kein reiner Gegenstrom vorliegt. Für F gilt in der Regel /Fern90/:

$$F >= 0,75 - 0,8$$

Real existieren in jedem Abschnitt n Ströme, so daß pro Abschnitt nicht nur ein Wärmeaustauscher, sondern mehrere Apparate benötigt werden. Die genaue

Apparateanzahl läßt sich nicht exakt berechnen. Nach /Wolf96a/ liefert eine Annahme von n Wärmeaustauschern mit einer Fläche

$$A' = A / n$$

und einer Austauschleistung von

$$Q_j' = Q_j / n$$

ein der Wirklichkeit näher kommendes Ergebnis für die Kosten als die Annahme lediglich eines Apparates.

Bei der Berechnung des Wärmedurchgangskoeffizienten wird die Wärmeleitung vernachlässigt:

$$k = ((1 / \alpha_{Rohr,ges}) + (1 / \alpha_{Mantel,ges}))^{-1}$$

Die rohr- und mantelseitigen Wärmeübergangskoeffizienten $\alpha_{i,ges}$ der Superströme der einzelnen Abschnitte werden gewichtet ermittelt:

$$\alpha_{i,ges} = (\Sigma(\alpha_i * CP * (T_{groß} - T_{klein})) / Q_j)$$

$T_{groß}$ und T_{klein} stellen die große und die kleine Ecktemperatur der Summenkurven des jeweiligen Abschnitts dar (vergl. Kapitel 3.2.5).

Werden Kostenansätze mit Zuschlägen für Werkstoffe verwendet, muß der Bearbeiter den seiner Meinung nach überwiegenden Werkstoff vorgeben. Für Zuschläge für erhöhten Druck wird jeweils der maximale Druck eines jeden Abschnitts verwendet /Wolf96a/.

Aus den oben genannten Einflußgrößen wird die Abschreibungsrate $K_{Inv,j}$ (vergl. Kapitel 4.5.6) auf die Investition für jeden Abschnitt mit der in Kapitel 4.5.5.1.2.3 erläuterten Methode berechnet.

Die gesamten Investitionskosten K_{Inv} für ein angenommenes ΔT_{min} ergeben sich dann als Summe der Abschreibungen jedes Abschnitts:

$$K_{Inv} = \Sigma K_{Inv,j}$$

4.5.4.2.2 Schätzung der Betriebsmittelkosten

Nachdem die Investitionskosten für ein ΔT_{min} berechnet wurden, müssen zu jedem ΔT_{min} die Betriebsmittelkosten berechnet werden. Für jeden Abschnitt mit Heiz- oder Kühlbedarf wird das kostengünstigste Betriebsmittel gewählt. Für Betriebsmittel gilt:

$$K_{BM,j} = Q_j / \Delta h_v * C' \text{ (mit Phasenübergang, z.b. Heizdampf)}$$
$$K_{BM,j} = Q_j / (c_p * \Delta T_{BM}) * C' \text{ (ohne Phasenübergang, z.b. Kühlwasser)}$$

Dabei stellt ΔT_{BM} das Temperaturintervall des Betriebsmittels dar. Auf die Wahl der Betriebsstunden pro Jahr sowie der Grenzkosten C' wird in Kapitel 4.5.5.1.2.3 eingegangen.

Die gesamten zu einem ΔT_{min} gehörenden Betriebsmittelkosten K_{BM} ergeben sich als Summe der Abschnitte mit Betriebsmittelbedarf:

$$K_{BM} = \Sigma K_{BM,j}$$

4.5.4.2.3 Zusammenhang zwischen Betriebsmittelkosten und Investitionskosten

Die Gesamtkosten $K_{Ges} = f(\Delta T_{min})$ werden aus der Summe der Investitionskosten und der Betriebsmittelkosten gebildet:

$$K_{Ges} = f(\Delta T_{min}) = K_{Inv} + K_{BM}$$

Da, wie in Kapitel 4.5.4.1 erläutert wurde, mit dieser Methode lediglich die optimale minimale Temperaturdifferenz $\Delta T_{min,opt}$ geschätzt, aber keine Targets für die Gesamtkosten gesetzt werden sollen, ermittelt man die relativen, d.h. auf das Gesamtkostenminimum bezogenen Gesamtkosten (vergl. auch Abbildung 4.10). Das zu den minimalen Gesamtkosten $K_{Ges,rel}$ gehörende ΔT_{min} stellt dabei den geschätzten optimalen Wert für $\Delta T_{min,opt}$ dar.

$$K_{Ges,rel} = K_{Ges} / K_{Ges}(\Delta T_{min,opt})$$

Die absoluten Kosten sind an dieser Stelle nicht relevant, der Fehler bei der Kostenberechnung ist zu groß.

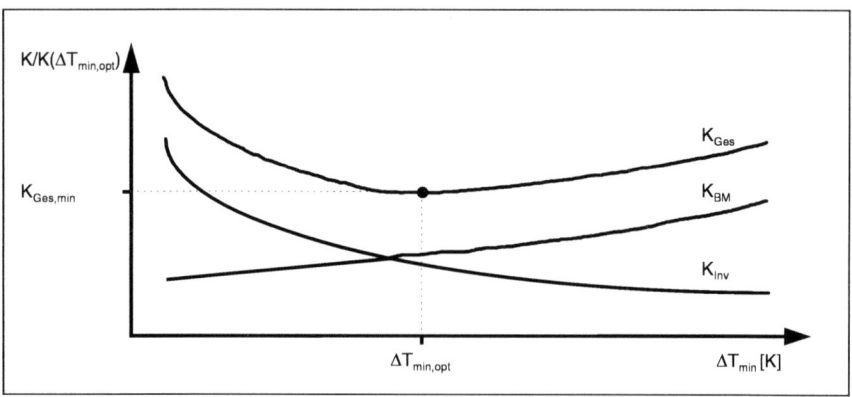

Abbildung 4.10: Ermittlung der optimalen minimalen Temperaturdifferenz $\Delta T_{min,opt}$

Bei Anwendung dieser Methode muß beachtet werden, daß kleinere Werte als $\Delta T_{min,opt}$ = 10°C aus Gründen der Betriebssicherheit prinzipiell nicht gewählt werden sollten /Wolf96a/. Ergibt die Short-Cut-Methode einen kleineren Wert als diesen, wird die minimale Temperaturdifferenz für die Entwicklung des Wärmeaustauschernetzwerks auf ΔT_{min} = 10°C angehoben.

4.5.5 Generierung des Wärmeaustauschernetzwerks

Die Generierung des Wärmeaustauschernetzwerks erfolgt in drei Schritten. Den Ausgangspunkt bildet der Pinch. An dieser Stelle ist das Wärmestromsystem kritisch, hier sind die vorhandenen, treibenden Temperaturdifferenzen besonders gering. Zunächst wird daher nur das Wärmeaustauschernetzwerk am Pinch entwickelt. Erst im nächsten Schritt wird ausgehend vom Pinch-Netzwerk das restliche Netzwerk unter Beachtung des Betriebsmitteleinsatzes erzeugt. Im dritten Schritt werden dann die Ströme, die auch nach der eigentlichen Netzwerkerzeugung noch Heiz- oder Kühlbedarf haben, mit Betriebsmitteln verschaltet.

4.5.5.1 Das Wärmeaustauschernetzwerk am Pinch

Als zentrale Forderung der Pinch Analyse gilt, keine Wärme über den Pinch hinweg zu übertragen. Daher ist das System am Pinch aufzuteilen. Eigenständige, komplette Teil-Netzwerke oberhalb und unterhalb des Pinches müssen entwickelt werden /Fern90/. Damit dies aber möglich ist, müssen gegebenenfalls Stromteilungen am Pinch durchgeführt werden. Erst nach den Stromteilungen wird mit den Pinch-Kopplungen begonnen.

4.5.5.1.1 Stromteilungen

Die Pinch Analyse liefert zwei Kriterien, die die Frage beantworten, ob Stromteilungen durchgeführt werden müssen. Nur wenn die Kriterien erfüllt sind, ist es möglich, vollständige Teilnetze oberhalb und unterhalb des Pinches zu generieren und damit keine Wärme über den Pinch hinweg zu übertragen.

Im Rahmen dieser Arbeit wird eine zweigleisige Strategie verfolgt: Zunächst werden Stromteilungen durchgeführt, um die Voraussetzungen für eine maximale prozeßinterne Wärmeverschaltung am Pinch zu erhalten. Erst nach dem Schaffen dieser Voraussetzungen werden konkrete Kopplungen unter Beachtung ökonomischer Kriterien realisiert.

Die Abbildung 4.11 zeigt den zu den zwei Kriterien gehörenden Algorithmus für die Region oberhalb und unterhalb des Pinches.

Zunächst wird das Stromanzahl-Kriterium überprüft. Ist es nicht erfüllt, müssen Stromteilungen durchgeführt werden. Dann wird das CP-Kriterium überprüft. Falls dieses nicht erfüllt ist, werden wieder Stromteilungen durchgeführt. Im folgenden sollen diese beiden Kriterien kurz vorgestellt und anschließend Heuristiken zu Stromteilungen erläutert werden.

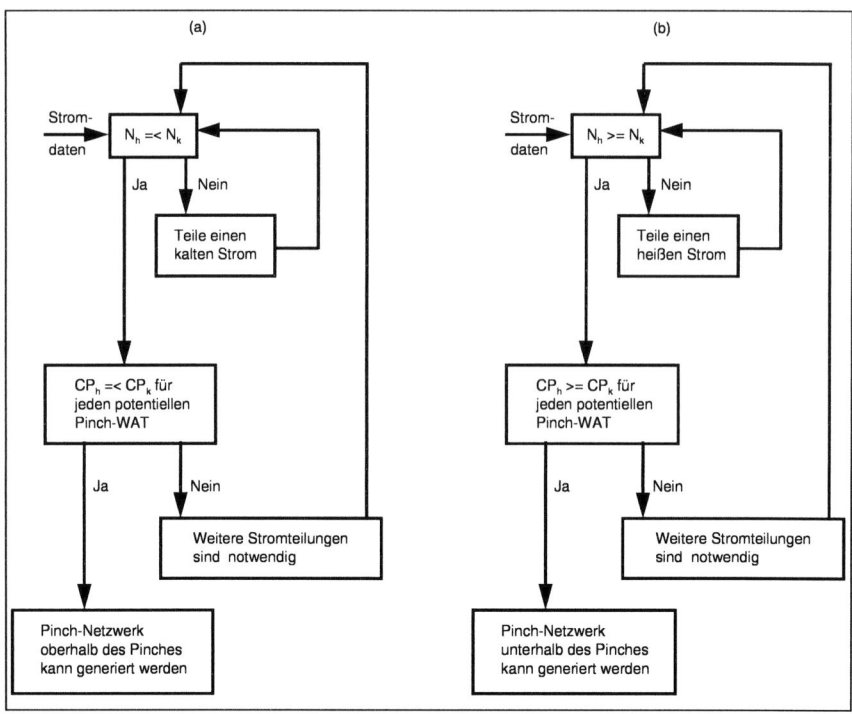

Abbildung 4.11: Algorithmus für Stromteilungen (a) oberhalb und (b) unterhalb des Pinches /Linn83a/

4.5.5.1.1.1 Das Stromanzahl-Kriterium nach Linnhoff

Das erste Kriterium behandelt die Stromanzahl. Die Anzahl der heißen und kalten Ströme wird oberhalb und unterhalb des Pinches verglichen. Man prüft, ob alle Ströme durch entsprechende Kopplungen auf ihre Zieltemperaturen gebracht werden können. Dies ist dann möglich, wenn die folgenden Ungleichungen zwischen den heißen Strömen N_h und den kalten Strömen N_k eingehalten werden /Linn83a, Fern90/:

$N_h =< N_k$ (oberhalb des Pinches)

$N_k =< N_h$ (unterhalb des Pinches)

4.5.5.1.1.2 Das CP-Kriterium nach Linnhoff

Das zweite Kriterium nimmt Bezug auf die CP-Werte der einzelnen Ströme. Damit die minimale Temperaturdifferenz ΔT_{min} für alle Kopplungen eingehalten werden kann, müssen für alle Kopplungen folgende Ungleichungen erfüllt sein:

$CP_h =< CP_k$ (oberhalb des Pinches)
$CP_k =< CP_h$ (unterhalb des Pinches)

4.5.5.1.1.3 Heuristiken zu Stromteilungen

Die Pinch Analyse liefert zwar die beiden oben erläuterten Kriterien, die einzuhalten sind. Sie liefert aber keine expliziten Regeln dazu, welche konkreten Ströme in welchem Verhältnis geteilt werden sollen.

Daher wurden im Rahmen dieser Arbeit Heuristiken entwickelt, die an /Neme95b, Hart85, Gott98/ angelehnt sind. Wenn eine Überprüfung der beiden, aus der Pinch Analyse stammenden Kriterien zeigt, daß eine Stromteilung erforderlich ist, wird sie nach diesen Heuristiken durchgeführt.

Regel: Stromteilung eines kalten Stromes oberhalb des Pinches

Teile einen kalten Strom oberhalb des Pinches so, daß ein Teilstrom nach der Teilung den gleichen CP-Wert hat wie ein für eine Kopplung zur Verfügung stehender heißer Strom,
wenn der kalte Strom einen möglichst großen CP-Wert CP_k hat
und ein heißer Strom mit einem möglichst großen CP-Wert CP_h existiert
und es gilt: $CP_h < CP_k$.

Die Triebkraft bei einer Kopplung wird dann besonders gut im Sinne möglichst vertikalen Wärmeaustausches ausgenutzt (siehe Kapitel 4.5.5.2), wenn die Temperaturdifferenz über den gesamten Kopplungsverlauf klein bleibt. Dies ist dann der Fall, wenn beide Ströme den gleichen CP-Wert haben. In diesem Fall ist die Temperaturdifferenz der Ströme sowohl am Wärmeaustauschereingang als auch am -ausgang gleich der minimalen Temperaturdifferenz ΔT_{min}. Weiterhin sollten für die Stromteilungen möglichst „große" Ströme, also Ströme mit großem CP-Wert verwendet werden. Dadurch wird sichergestellt, daß mit der durch die Stromteilung ermöglichten Kopplung ein möglichst großer Teil des Gesamtpotentials ausgeschöpft werden kann.

Regel: Stromteilung eines heißen Stromes oberhalb des Pinches

*Teile einen heißen Strom oberhalb des Pinches so, daß ein Teilstrom nach der
   Teilung den gleichen CP-Wert hat wie ein für eine Kopplung zur Verfügung
   stehender kalter Strom,
wenn der heiße Strom einen möglichst großen CP-Wert CP_h hat
und ein kalter Strom mit einem möglichst großen CP-Wert CP_k existiert
und es gilt: $CP_h > CP_k$.*

Bedingt durch das CP-Kriterium kann es oberhalb des Pinches notwendig werden, auch einen heißen Strom zu teilen. Ist dies der Fall, gelten ähnliche Überlegungen wie bei der Teilung eines kalten Stromes (siehe oben).

Regel: Stromteilung eines heißen Stromes unterhalb des Pinches

*Teile einen heißen Strom unterhalb des Pinches so, daß ein Teilstrom nach der
   Teilung den gleichen CP-Wert hat wie ein für eine Kopplung zur Verfügung
   stehender kalter Strom,
wenn der heiße Strom einen möglichst großen CP-Wert CP_h hat
und ein kalter Strom mit einem möglichst großen CP-Wert CP_k existiert
und es gilt: $CP_h > CP_k$.*

Genau wie bei den Stromteilungen oberhalb des Pinches sollten auch unterhalb des Pinches möglichst „große" Ströme verwendet werden.

Regel: Stromteilung eines kalten Stromes unterhalb des Pinches

*Teile einen kalten Strom unterhalb des Pinches so, daß ein Teilstrom nach der
   Teilung den gleichen CP-Wert hat wie ein für eine Kopplung zur Verfügung
   stehender heißer Strom,
wenn der kalte Strom einen möglichst großen CP-Wert CP_k hat
und ein heißer Strom mit einem möglichst großen CP-Wert CP_h existiert
und es gilt: $CP_h < CP_k$.*

Auch bei dieser Regel gelten die analogen Ausführungen wie oben.

Stromteilungen in anderen Verhältnissen als in diesen vier Regeln angeführt, werden nur in Ausnahmefällen erforderlich sein.

4.5.5.1.2 Kopplungen am Pinch

Wenn entsprechende Stromteilungen durchgeführt und die beiden oben angeführten Kriterien erfüllbar sind, können die konkreten Kopplungen realisiert werden. Sie werden sukzessive durchgeführt. An jeder Stelle, an der mehrere Alternativen in Frage kommen und sinnvoll erscheinen, werden diese parallel weiter verfolgt. Hierdurch entsteht ein unter Umständen recht großer Alternativbaum, der aber bei einer programmtechnischen Umsetzung der Strategie problemlos gehandhabt werden kann.

Generell werden nur solche Verschaltungen durchgeführt, die sowohl thermodynamischen als auch ökonomischen Anforderungen genügen. Die Regel lautet:

Kopplungsregel:

Führe eine Kopplung durch,
wenn die minimale Temperaturdifferenz ΔT_{min} eingehalten werden kann
und ein vollständiges Pinch-Netzwerk weiterhin generiert werden kann
und mindestens einer der beiden Ströme seinen gesamten Energiebedarf deckt
und die Kopplung einen positiven Kapitalwert hat.

Die erste Bedingung stellt die thermodynamische Forderung nach einer ausreichend großen Triebkraft dar. Die zweite Bedingung stellt sicher, daß nicht nur die jeweilige Kopplung weiterhin möglich ist, sondern auch ein gesamtes Pinch-Netz ohne Wärmetransfer über den Pinch erzeugt werden kann. Durch die dritte Bedingung wird erreicht, daß die Gesamtzahl an Apparaten minimiert wird. Die vierte Bedingung letztlich fordert, daß die Kopplung für sich betrachtet ökonomisch sinnvoll ist.

Die zweite, dritte und vierte Bedingung sollen in den nachfolgenden Kapiteln kurz erläutert werden.

4.5.5.1.2.1 Das CP_{gesamt}-Kriterium nach Linnhoff

Wenn eine Kopplung plaziert wird, muß sichergestellt sein, daß das verbleibende Problem vollständig und ohne Wärmetransfer über den Pinch hinweg durchgeführt werden kann. Dies ist dann der Fall, wenn nach der Kopplung das CP_{gesamt}-Kriterium weiterhin erfüllt ist. Eine Herleitung erfolgt bei /Fern90/.

Das Kriterium besagt, daß eine Kopplung auf der oberen oder unteren Seite des Pinches nur dann durchgeführt werden darf, wenn für die restlichen Kopplungen noch genügend CP-Reserve für das Restproblem vorhanden ist. Das bedeutet, daß die Differenz ΔCP_{ges} zwischen der Hot Composite Curve (HCC) und der Cold Composite Curve (CCC) mindestens gleich der Summe der einzelnen CP-Differenzen ΔCP_i in jedem Wärmeaustauscher i sein muß /Fern90/:

$\Delta CP_i =< \Delta CP_{ges}$

Oberhalb des Pinches gilt:

$\Delta CP_{ges} = CP_{CCC} - CP_{HCC}$

$\Delta CP_i = CP_{i,k} - CP_{i,h}$

Analog gilt unterhalb des Pinches:

$\Delta CP_{ges} = CP_{HCC} - CP_{CCC}$

$\Delta CP_i = CP_{i,h} - CP_{i,k}$

4.5.5.1.2.2 Das „Tick-off"-Kriterium nach Linnhoff

Die Pinch Analyse gibt keine Richtlinien für die Festlegung der Austauschleistungen in den einzelnen Wärmeaustauschern vor.

Daher wurde die „Tick-off"-Heuristik entwickelt /Linn83a/. Man versucht, mit jedem gesetzten Wärmeaustauscher mindestens einen der beiden Ströme möglichst auf seine Zieltemperatur zu bringen, ihn quasi aus dem System zu eliminieren. Dadurch wird versucht, die minimal mögliche Anzahl von Wärmeaustauschern U_{min} einzuhalten. Diese läßt sich nach /Hohm71/ aus der gesamten Stromanzahl N_s des System berechnen als:

$U_{min} = N_s - 1$

4.5.5.1.2.3 Das Kapitalwert-Kriterium

Übergeordnetes Ziel der Target-Realisierung ist, die kostengünstigste Lösung zu erzielen. Wenn aber während der Netzwerkgenerierung eine Kopplung durchgeführt wird, lassen sich die gesamten Netzwerkskosten noch nicht vorhersagen. Im Moment einer Kopplungsdurchführung kann nicht gesagt werden, ob das Ziel der Gesamtkostenminimierung mit dieser Kopplung erreicht wird oder nicht. Erst nach einer vollständigen Abarbeitung aller sinnvoll erscheinenden Alternativen kann die kostengünstigste Alternative identifiziert werden.

Ein untergeordnetes Ziel der Target-Realisierung ist es, daß jede Kopplung für sich betrachtet ebenfalls ökonomisch sinnvoll sein soll. Dieses Ziel kann für jede Kopplung investitionstheoretisch mit dem Kapitalwert-Kriterium überprüft werden. Das diesem Kriterium zugrunde liegende Paradigma ist folgendes:

Es sollen nur solche Kopplungen durchgeführt werden, die einen wirtschaftlichen Vorteil auch dann mit sich bringen, wenn für die beiden an der Kopplung beteiligten Ströme Reserve-Wärmeaustauscher benötigt werden.

Zur Erläuterung: In der Praxis werden bei vielen Kopplungen neben dem eigentlichen Wärmeaustauscher der Kopplung noch zusätzlich für die an der Kopplung beteiligten Ströme Reserve-Wärmeaustauscher benötigt. Diese werden während instationärer Vorgänge, z.B. beim Anfahren mit Betriebsmitteln (vergl. Kapitel 4.4.3.1.2), eingesetzt. Erst im stationären Zustand wird dann von der Betriebsmittelfahrweise auf die Wärmekopplung umgeschaltet /Senk98/.

Da der Kapitalwert auf der Zahlungs- und nicht auf der Kostenebene definiert wird /Bitz96/, betrachtet man die Differenzzahlungsreihe des Investitionsprojektes, also die Differenz zwischen *Investitionsalternative* und *Unterlassensalternative* (vergl. Glossar). Diese ergibt sich als Auszahlung a für den zusätzlichen Wärmeaustauscher zum Zeitpunkt t = 0 und den nicht anfallenden Auszahlungen für die Betriebsmittel am Ende jeder Periode t = 1, ..., T als fiktive Einzahlungen e. Als Periode wird üblicherweise ein Jahr definiert /Bitz96/, T stellt die maximal erlaubte Kapitalrückflußzeit dar. Das Kapitalwertkriterium für diese Zahlungsreihe besagt, daß die Zahlungsreihe einen positiven Kapitalwert haben muß, damit das Investitionsprojekt wirtschaftlich richtig im Sinne einer Vermögensmaximierung ist /Bitz96/:

$$K > 0$$

Ist der Kapitalwert am Ende der maximal erlaubten Kapitalrückflußzeit nicht positiv, wird die *Investitionsalternative* zugunsten der *Unterlassensalternative* verworfen. Eine Kopplung wird nur dann durchgeführt, wenn sie einen positiven Kapitalwert hat.

Die Kapitalrückflußzeit wird wegen des mit jeder Investition verbundenen Risikos meist limitiert /Bitz94/. Als maximal zulässige Kapitalrückflußzeit T wird in Deutschland oftmals bei Neuanlagen T = 4 - 5 Jahre vorgegeben; in Ausnahmefällen wird T = 6 - 7 Jahre zugelassen /Senk98/. Bei Verbesserungen in bestehenden Anlagen werden kürzere Zeiten von T = 2 - 3 Jahren gefordert /Wolf96a/.

Teilweise differenzieren Unternehmen bezüglich der strategischen Stellung der Geschäftsfelder: Für Geschäftsfelder beispielsweise, die als „Cash Cow" positioniert sind (hohe Rentabilität durch hohen Marktanteil, geringes Marktwachstum) /Kuß92/ und der kontinuierlichen Abschöpfung von Finanzmitteln dienen, werden Kapitalrückflußzeiten von T = 1 - 2 Jahre gefordert. Bei Geschäftsfeldern hingegen, in die netto investiert wird, um langfristig eine starke Marktposition aufzubauen, werden deutlich längere Kapitalrückflußzeiten zugelassen, z.B. T = 6 - 7 Jahre.

Explizit ausformuliert wird das Kapitalwertkriterium zu:

$$-a + e * (1 + r)^{-1} + e * (1 + r)^{-2} \ldots + e * (1 + r)^{-T} > 0$$

Der Zinssatz r orientiert sich am marktüblichen Zins, d.h. an dem Zinssatz, zu dem das Unternehmen Kredite aufnehmen bzw. Mittel anlegen kann bei einer Laufzeit von T Jahren. Zu diesem Marktzins wird oft ein Risikozuschlag addiert /Bitz94/.

Falls die Investitionen a vom Bearbeiter nicht angegeben werden können, bieten sich Kostenschätzmethoden an. Mit diesen Methoden werden nicht die wertmäßigen Kosten (d.h. der Wertverlust durch Abnutzung), sondern die pagatorischen Kosten (d.h. die Auszahlung bei der Anschaffung) ermittelt /Humm82/ (vergl. Glossar). Nach /Jung95/ läßt sich zwischen den pagatorischen Apparatekosten des Wärmeaustauschers a_0 und den gesamten Investitionen (incl. Verrohrung, Regelungstechnik usw.) folgende Beziehung annehmen:

$$a = L * a_0$$

Der Langfaktor L ist ein Zuschlagsfaktor, für den nach /Wolf96a/ mit ausreichender Genauigkeit angenommen werden kann:

$$L = 4$$

Die pagatorischen Apparatekosten können z.B. nach /Corr82/ geschätzt werden:

$$a'_0 = K_b * F_t * F_w * F_p$$

wobei für die pagatorischen Basiskosten K_b und die Zuschlagsfaktoren F_t, F_w und F_p gilt:

$$K_b = \exp(K_{b1} + K_{b2} * \ln(A) + K_{b3} * (\ln(A))^2)$$

$$F_t = \exp(F_{t1} + F_{t2} * \ln(A))$$

$$F_w = F_{w1} + F_{w2} * \ln(A)$$

$$F_p = F_{p1} + F_{p2} * \ln(A)$$

Die einzelnen Faktoren können, falls keine neueren Daten zur Verfügung stehen, /Corr82/ entnommen werden. Die benötigte Wärmeaustauscherfläche wird aus der Wärmeaustauschergrundgleichung geschätzt:

$$A = Q / (F * k * \Delta T_{ln})$$

Der Wärmedurchgangskoeffizient wird unter Vernachlässigung der Wärmeleitung berechnet:

$$k = ((1 / \alpha_h) + (1 / \alpha_k))^{-1}$$

Nun stellt a'_0 die Apparatekosten eines Bezugstags der Vergangenheit dar. Mit Hilfe eines geeigneten Indizes, z.B. dem Chemical Engineering Equipment Index, ist a'_0 auf den Gegenwartswert a_0 umzurechnen:

$$a_0 = (I_0 / I'_0) * a'_0$$

Abschließend müssen die Einsparungen (d.h. nicht anfallende Auszahlungen) berechnet werden. Sie setzen sich zusammen aus den Einsparungen für das heiße Betriebsmittel e_h (z.B. Dampf) und den Einsparungen für das kalte Kühlwasser e_k (z.B. Kühlwasser):

$$e = e_h + e_k$$

mit

$$e_{h,k} = ((Q * B * 3600 \text{ s/h}) / (\Delta h_v * 1000 \text{ kg/t})) * C' \text{ (mit Phasenübergang)}$$

$$e_{h,k} = ((Q * B * 3600 \text{ s/h}) / (c_p * \Delta T * 1000 \text{ kg/t})) * C' \text{ (ohne Phasenübergang)}$$

Für die Betriebsstunden pro Jahr kann, falls kein genauer Wert vorliegt, $B = 8000$ h/a angenommen werden /Simm94/.

Eine entscheidende Bedeutung kommt dem Ansatz der Grenzkosten C' (vergl. Glossar „Kosten") zu. Sie sollen im folgenden für einige gängige Betriebsmittel diskutiert werden.

Für Dampf ist häufig ein pauschaler Ansatz der Grenzkosten C' mit dem unternehmensintern zu zahlenden Verrechnungspreis P zu beobachten. Dieser Ansatz führt bei dem häufigen Fall, daß der geplante Prozeß und das den Dampf produzierende Kraftwerk zum selben Unternehmen gehören, zu falschen Ergebnissen:

In dem Verrechnungspreis P sind in der Regel sowohl die Einzelkosten als auch die Gemeinkosten umgelegt /Männ82/ und damit neben den variablen Kosten $C_v(x)$ auch die Fixkosten C_f einbezogen (vergl. Glossar). Bei einer Ausdehnung bzw. Einsparung der Dampfproduktion um eine Mengeneinheit fallen aber keine zusätzlichen Fixkosten für diese Mengeneinheit an bzw. werden nicht eingespart. Ein Grenzkosten-Ansatz mit C' = P überschätzt somit die realen Einsparungen für das Unternehmen deutlich und führt zwar für den den geplanten Prozeß betreibenden *Betrieb* zu dem richtigen Ansatz, nicht aber für das gesamte *Unternehmen*. Der Betrieb zahlt den gesamten Verrechnungspreis P für jede zusätzliche Mengeneinheit an das Kraftwerk, im Kraftwerk fällt aber der fixe Anteil des Verrechnungspreises für diese Mengeneinheit nicht an. Die Handlungsmaxime einer Investitionsentscheidung ist aber stets die Vermögensmaximierung des Gesamtunternehmens, nicht eines einzelnen Unternehmensteils. Daher sollte der Ansatz C' = P an dieser Stelle nicht genutzt werden.

Oftmals wird kein exaktes Kostenmodell für das Kraftwerk zur Verfügung stehen, das etwa auch die Kuppelung von Dampf- und Stromproduktion berücksichtigt. In diesem Fall ist eine näherungsweise Berechnung der Grenzkosten erforderlich. Bei einer nicht zu großen Variation der Dampfausbringmenge x des Kraftwerks kann für die Dampfkosten C nach /Wolf96a/ ein linearer Ansatz angenommen werden:

$$C = C(x) = C_v(x) + C_f = P_1 * x + P_2$$

In diesem Fall stimmen die Grenzkosten C' mit den spezifischen variablen Kosten $c_v(x)$ überein:

$$C' = C'(x) = dC/dx = P_1$$
$$c_v = c_v(x) = C_v(x) / x = (P_1 * x) / x = P_1$$

und somit

$$C' = c_v = P_1$$

Die spezifischen variablen Kosten lassen sich durch die Primärenergiekosten P_P (z.B. für Kohle) annähern.

$$C' = c_v = P_1 = P_P$$

Sind die Primärenergiekosten nicht bekannt, können sie erfahrungsgemäß oftmals mit 50% des Verrechnungspreises P angenommen werden /Wolf96a/:

$$C' = c_v = 0,5 * P$$

Ein Sonderfall liegt vor, wenn das Kraftwerk zu einem *anderen* Unternehmen gehört, als das Unternehmen, das den zu planenden Prozeß betreiben wird. In diesem Fall muß das Chemieunternehmen wirklich jede zusätzliche Mengeneinheit Dampf direkt mit dem Verrechnungspreis P begleichen. Für jede bezogene Mengeneinheit Dampf muß das Chemieunternehmen also dem das Kraftwerk betreibenden Unternehmen unmittelbar den Verrechnungspreis P zahlen. Das bedeutet, daß bei zwei unabhängigen Unternehmen gilt:

$$C' = P$$

Bei rechtlich selbständigen Unternehmen, die aber zum gleichen Konzern gehören und somit wirtschaftlich nicht selbständig sind, trifft dieser Sonderfall aber natürlich *nicht* zu bzw. muß die Berechnungsart fallweise entschieden werden.

Andere häufig eingesetzte Heizmittel sind Warmwasser und Wärmeträgeröl. Vergleichbar zu den obigen Ausführungen, können hier die Grenzkosten mit den zur Aufheizung von Wärmeträgeröl bzw. Warmwasser benötigten Primärenergiekosten angesetzt werden. Erfolgt diese Aufheizung (z.B. bei Warmwasser) aber *vollständig* mit im Überschuß vorhandener Abwärme anderer Prozesse des Standorts, können die Grenzkosten negativ werden: Sie sind dann bestimmt durch die bei einer zusätzlich verbrauchten Mengeneinheit des Warmwassers anfallenden Einsparungen an kaltem Betriebsmittel an dem anderen Prozeß des Standorts.

Die Grenzkosten von Kühlwasser betragen, vergleichbar mit Heizdampf, oftmals etwa 50% - 60% des Verrechnungspreises und sind bestimmt durch Energiekosten (für Pumpen usw.), Abwasserbehandlungs- und Abwasserabgabenkosten sowie Zusatzwasserkosten: Ein Teil des Kühlwasserkreislaufs wird ausgeschleust, einer Abwasserbehandlung unterzogen und unterliegt dem Abwasserabgabengesetz /Karp94/; dem Kreislauf zugeführtes Wasser muß aufbereitet werden, z.B. müssen Zusatzstoffe gegen Korrosion, Fouling usw. zudosiert werden. Allerdings sind die Grenzkosten von Kühlwasser meist vernachlässigbar gering.

Die Grenzkosten für Kältemittel wie Kühlsole, Ammoniak, Propan usw. können näherungsweise mit den Grenzkosten für den elektrischen Strom, der für die Kältemittelerzeugung benötigt wird, angesetzt werden. Dies ist allerdings nur dann möglich, wenn für den zu planenden Prozeß keine zusätzlichen signifikanten Investitionen für die Kältemittel-Infrastruktur anfallen.

Falls als kaltes Betriebsmittel Dampf (oder Warmwasser) erzeugt und exportiert wird, gelten die gleichen Überlegungen wie bei der Verwendung von Dampf oder Warmwasser als Heizmittel. Lediglich das Vorzeichen ändert sich, die Grenzkosten sind vom Betrag her negativ. Es wird für jede exportierte Mengeneinheit eine durch die Grenzkosten definierte entsprechend große Gutschrift erzielt, falls ein Abnehmer vorhanden ist.

4.5.5.2 Kopplungen der verbleibenden Ströme

Nachdem das Wärmeaustauschernetzwerk am Pinch generiert wurde bzw. mehrere Alternativen entwickelt wurden, muß die verbleibende Aufgabe gelöst werden. Ausgehend vom Pinch-Netz wird das restliche Netzwerk ober- und unterhalb des Pinches generiert.

Die Kopplungsregel lautet:

Kopplungsregel:

Führe eine Kopplung durch,
wenn die minimale Temperaturdifferenz ΔT_{min} eingehalten wird
und mindestens einer der beiden Ströme seinen gesamten Energiebedarf deckt
und die Kopplung einen positiven Kapitalwert hat
und der Wärmeaustausch möglichst vertikal ist.

Die ersten drei Kriterien wurden bereits beim Pinch-Netzwerk diskutiert. Neu ist jetzt das vierte Kriterium: Die Forderung nach möglichst vertikalem Wärmeaustausch. Dieses Kriterium soll im folgenden erläutert werden.

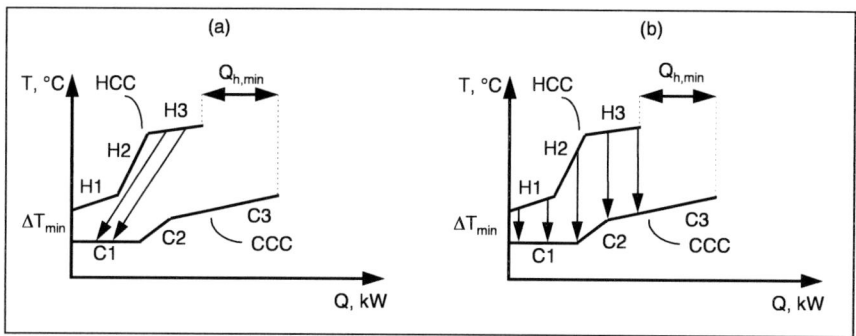

Abbildung 4.12: (a) Maximaler Wärmeaustausch nicht möglich (b) Vertikaler Wärmeaustausch ermöglicht maximalen Wärmeaustausch /Neme95b/

Es läßt sich zeigen, daß das Potential zur Wärmeintegration nur dann optimal genutzt werden kann, wenn möglichst vertikaler Wärmeaustausch realisiert wird. Die Abbildung 4.12 verdeutlicht dies. Dargestellt ist ein Teilproblem oberhalb des Pinches. Wird mit dem Abschnitt H3 der Hot Composite Curve (HCC) der Abschnitt C1 der Cold Composite Curve (CCC) beheizt (Teil (a)), kann ein Teil des Abschnittes C3 nicht mehr prozeßintern beheizt werden. An dieser Stelle entsteht zusätzlicher, externer Heizbedarf. Dies hat zur Folge, daß der reale Heizbedarf des gesamten Systems größer als $Q_{h,min}$ wird.

Maximale prozeßinterne Wärmeausnutzung wird dann möglich, wenn jeder Abschnitt der Cold Composite Curve mit einem genau darüber liegenden Abschnitt der Hot Composite Curve beheizt wird (Teil (b)). In diesem Fall wird der reale Heizbedarf des Systems gleich dem minimalen sein. Außerdem wird die treibende Temperaturdifferenz maximiert.

Allerdings reicht es bei der Suche nach möglichst vertikalen Kopplungen nicht aus, lediglich die Composite Curves zu betrachten. Dabei droht die Gefahr, daß zwar eine energetisch richtige Lösung erzielt wird und $Q_{h,min}$ bzw. $Q_{k,min}$ eingehalten werden, aber diese Lösung exergetisch nicht optimal ist. Die Abbildung 4.13 (a) zeigt wieder ein Teilsystem oberhalb des Pinches, bei dem, durch vertikalen Wärmeaustausch bedingt, dem System lediglich genau $Q_{h,min}$ zugeführt werden muß. Aber dieser Energiebedarf wird vollständig mit Mitteldruckdampf $D_{20\ bar}$ gedeckt. Verschiebt man nun einen Teil der HCC wie in Abbildung 4.13 (b) dargestellt, erreicht man, daß ein Teil dQ des Gesamtwärmebedarfs $Q_{h,min}$ mit dem Niederdruckdampf $D_{4\ bar}$ gedeckt werden kann.

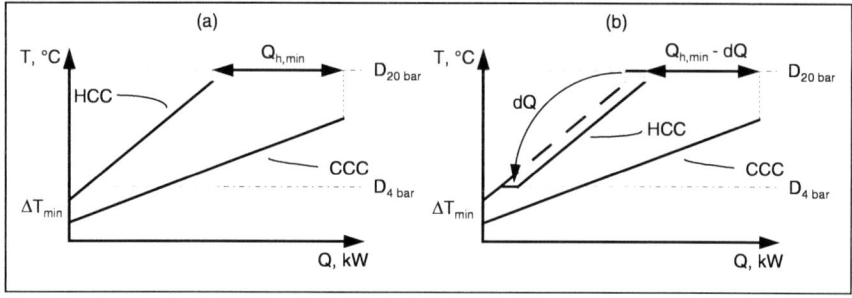

Abbildung 4.13: (a) Minimaler Heizbedarf $Q_{h,min}$ wird vollständig mit Mitteldruckdampf gedeckt. (b) Ein Teil dQ von $Q_{h,min}$ wird mit Niederdruckdampf beheizt.

Eine Möglichkeit, dieses Problem zu lösen, ist, mit den Composite Curves den minimalen Heizbedarf $Q_{h,min}$ sowie den minimalen Kühlbedarf $Q_{k,min}$ zu berechnen (siehe Kapitel 3.2.1), mit Hilfe der Grand Composite Curve diese beiden Werte auf die konkreten Betriebsmittel aufzuschlüsseln (siehe Kapitel 3.2.2), diese konkreten Betriebsmittel-Zielwerte in die Composite Curves zu implementieren und so die Balanced Composite Curves zu erzeugen (siehe Kapitel 3.2.3). Man kann dann die Utility-Pinches identifizieren (vergl. Kapitel 3.2.3) und für jeden Bereich zwischen dem Process-Pinch und den Utility-Pinches ein teilweises Wärmeaustauschernetzwerk erzeugen. In jedem dieser Teil-Netze muß der Bearbeiter die Kopplungen so setzen, daß der jeweilige Betriebsmittelzielwert möglichst nicht überschritten wird.

Dieses Vorgehen ist aber insofern inkonsistent, als in den Balanced Composite Curves konkrete Prozeßströme, die *konkrete definierte* Wärmeleistungen haben, mit Betriebsmittel-Zielwerten vermischt werden, deren Wärmeleistungen lediglich *potentiell* festgelegt sind. Die Betriebsmittel-Zielwerte legen die minimal *möglichen* Wärmeleistungen der jeweiligen Betriebsmittel fest, nicht die *notwendigen* oder wirtschaftlich *sinnvollen*.

Eigene Untersuchungen haben gezeigt, daß in der Regel der Unterschied zwischen einer einfachen Netzwerk-Generierung mit den Composite Curves - falls überhaupt - nur zu vernachlässigbar schlechteren Resultaten führt als eine Netzentwicklung mit Hilfe der Balanced Composite Curves.

Im Rahmen der programmtechnischen Umsetzung dieser Arbeit wird daher ein anderer Weg verfolgt. Prinzipiell erfolgt die Netz-Generierung unter Verwendung der Composite Curves.

Die Kopplungen werden ausgehend vom Pinch-Netz zu den Enden hin sukzessive vorgenommen. An jeder Stelle können Alternativen zugelassen und parallel weiter verfolgt werden.

An solchen Stellen, an denen zwar eine prozeßinterne Kopplung durchgeführt werden kann, es aber auch möglich ist, durch eine alternative Kopplung mit einem Betriebsmittel die exergetische Zielwert-Ausnutzung zu verbessern, wird diese Alternative parallel weiter verfolgt. Erst nach einer vollständigen Abarbeitung des gesamten Alternativenbaums kann entschieden werden, welches Netzwerk letztlich das kostenminimale ist.

4.5.5.3 Auswahl der Betriebsmittel

Nach dem Pinch-Netz erfolgte die Entwicklung des restlichen Wärmeaustauschernetzwerks. Einige Ströme werden aber weiterhin Heiz- oder Kühlbedarf haben. Dieser Energiebedarf muß abschließend durch Betriebsmitteleinsatz gedeckt werden.

Für jeden betreffenden Abschnitt eines Stroms wird das jeweils kostengünstigste Betriebsmittel verwendet. Falls für heiße Prozeßströme die Möglichkeit besteht, bestimmte Heizmittel zu erzeugen anstatt Kühlmittel zu verwenden, wird dies mit einer Gutschrift verbunden sein (vergl. Kapitel 4.5.5.1.2.3). Typische Beispiele sind die Generierung von Dampf oder die Aufheizung von Warmwasser mit anschließendem Export in das Werksnetz. Für die Betriebsmittelwärmeaustauscher darf dabei nicht die optimale minimale Temperaturdifferenz $\Delta T_{min,opt}$ des Gesamtsystems (vergl. Kapitel 4.5.4.2.3) verwendet werden, sondern es sollten betriebsmittelspezifische Temperaturdifferenzen $\Delta T_{Betriebsmittel}$ angesetzt werden.

Es wäre etwa ökonomisch ungünstig, für einen mit Propan oder Ammoniak betriebenen Wärmeaustauscher $\Delta T_{min,opt} = 14°C$ zu verwenden. Besser wird es in der Regel sein, durch eine kleinere Temperaturdifferenz zwar eine größere Wärmeaustauscherfläche in Kauf zu nehmen, dafür aber mit weniger Propan und damit letztlich mit weniger elektrischer Energie (vergl. Kapitel 4.5.5.1.2.3) auszukommen. Nach /Rudm97/ kann es in diesem Fall sogar richtig sein, die Temperaturdifferenz bis auf $\Delta T_{Propan,Ammoniak} = 5°C$ zu senken. Wird andererseits ein kalter Prozeßstrom mit Rauchgas beheizt, wird der Wärmedurchgang so schlecht werden, daß z.B. $\Delta T_{Rauchgas} = 20°C$ gewählt werden sollte /Rudm97/. Für Heizdampf oder die Erzeugung von Heizdampf wird oftmals $\Delta T_{Dampf} = 10°C$ gewählt /Wolf96a/, für

Warmwasser kann der Wert höher liegen, beispielsweise bei $\Delta T_{Warmwasser}$ = 14°C. Bei dem Einsatz von Kühlwasser ist Sorge zu tragen, daß auch im Sommer, wenn das Kühlwasser eventuell mit einer relativ hohen Temperatur zur Verfügung gestellt wird, eine ausreichende Temperaturdifferenz, z.B. $\Delta T_{Kühlwasser}$ = 10 - 14°C, vorhanden ist.

4.5.5.4 Thermokompressoren für Heizdampf

Für kalte Ströme, die mit Dampf beheizt werden müssen, ist der Einsatz von Dampf-Thermokompressoren zu prüfen. Diese können eingesetzt werden, wenn der kalte Prozeßstrom mit einer Dampfstufe beheizt wird, die nicht die niedrigste zur Verfügung stehende Druckstufe ist. In diesem Fall sollte überprüft werden, ob es möglich und wirtschaftlich sinnvoll ist, Dampf der ursprünglich vorgesehenen Druckstufe (Treibdampf) mit Dampf einer niedrigeren Druckstufe (Saugdampf) in einem Thermokompressor zu einer mittleren Druckstufe (Mitteldruckdampf) zu „mischen" und den kalten Prozeßstrom mit dem Mitteldruckdampf zu beheizen.

Thermokompressoren sind in der Regel sehr kostengünstig /Rudm97, Pruß98/. Daher kann sich bei neu zu planenden Prozessen ihr Einsatz schon ab einem Heizbedarf von ca. 200 kW für den kalten Strom als ökonomisch vorteilhaft erweisen. Nur bei Verbesserungen in bestehenden Anlagen wird in der Regel eine Wärmeleistung von mindestens 1 MW für einen Einsatz vorausgesetzt. Allerdings sollte generell der Anteil des Saugdampfs an der gesamten benötigten Dampfmenge mindestens 20% betragen, sonst wird der Wirkungsgrad zu gering und der Exergieverlust dadurch zu groß /Pruß98/.

4.5.6 Kostentheoretische Bewertung

Wenn alle während des Problemlösungsprozesses erzeugten Alternativen abgearbeitet sind, müssen diese abschließend bewertet werden. Das übergeordnete Ziel ist eine Minimierung der Gesamtkosten, daher erfolgt an dieser Stelle eine kostentheoretische Bewertung. Da die Kostenrechnung entscheidungsorientiert sein soll, werden für die Berechnung nur die *relevanten Kosten* (vergl. Glossar) einbezogen.

Die relevanten Gesamtkosten werden analog zu Kapitel 4.5.5.1.2.3 als wertmäßige Kosten erfaßt. Die in die Berechnung eingehenden Kostenarten sind die *Betriebsmittelkosten* sowie die *Abschreibungsrate* auf die Apparate. Letztere gibt den durch den Betrieb bedingten Wertverzehr der Apparate wieder.

Betriebsmittelkosten fallen an allen stationären Wärmeaustauschern mit externem Heiz- oder Kühlbedarf an. Sie werden wieder mit ihren jeweiligen *Grenzkosten* (für Betriebsmittelverbrauch) bzw. *Grenzerlösen* (für Betriebsmittelexport) angesetzt (vergl. Kapitel 4.5.5.1.2.3). Der Betriebsmittelbedarf für instationäre Vorgänge (z.B. Anfahren) oder anfallende Reinigungen wird näherungsweise den *irrelevanten Kosten* (vergl. Glossar) zugeschlagen.

Für die Berechnung der *Abschreibungsrate* werden zunächst die *Gesamtinvestitionen* der Apparate (Kolonnen, Reaktoren usw.) vom Bearbeiter vorgegeben oder aber z.B. mit Hilfe der (pagatorischen) Kostenrechnung eines Prozeßsimulators ermittelt. Die für die Wärmeaustauscher benötigten Investitionen können natürlich statt dessen, wie in Kapitel 4.5.5.1.2.3 erläutert wurde, berechnet werden. Die Summe aller Investitionen ist schließlich gleich dem Anschaffungswert aller Apparate einer Alternative. Unter Annahme einer linearen Abschreibung gilt nach /Mus91/:

$$\text{Abschreibungsrate} = ((\text{Anschaffungswert} - \text{Restwert}) / \text{Nutzungsdauer}) \; [\text{DM/a}]$$

Vernachlässigt man den Restwert und begrenzt analog Kapitel 4.5.5.1.2.3 die Nutzungsdauer auf die maximal zulässige Kapitalrückflußzeit, ergibt sich für die Abschreibungsrate:

$$\text{Abschreibungsrate} = (\text{Anschaffungswert} / \text{Maximale Kapitalrückflußzeit}) \; [\text{DM/a}]$$

Für die Gesamtkosten gilt damit:

$$\text{Gesamtkosten} = \text{Betriebsmittelkosten} + \text{Abschreibungsrate} \; [\text{DM/a}]$$

4.6 Evolutionäre Überarbeitung des optimierten Verfahrensfließbilds

Es besteht nach der Entwicklung der Wärmeaustauschernetzwerke noch die Möglichkeit, diese Alternativen durch bestimmte Maßnahmen weiter zu verbessern bzw. durch Abarbeitung bestimmter Regeln auf solche Maßnahmen hin zu prüfen.

Diese von der bereits optimierten wärmetechnischen Prozeßstruktur ausgehenden Maßnahmen sollen „evolutionäre Überarbeitung" genannt werden. Sie sind vor allem für Prozesse mit wenigen Wärmeintegrationsmaßnahmen interessant (vergl. unten). Da das Ergebnis der Target-Optimierung und der anschließenden Target-Realisierung in der Regel hochintegrierte Prozeßstrukturen sind, ist die Bedeutung einer weiteren evolutionären Überarbeitung eher gering. Damit erzielbare zusätzliche ökonomische Verbesserungen sind im Vergleich zu den Effekten der Target-Optimierung und der Target-Realisierung meist vernachlässigbar. Daher sollen sie im Rahmen dieser Arbeit zwar kurz vorgestellt werden, es unterbleibt aber eine eingehende Problemaufarbeitung und es sei auf /Krab97/ verwiesen.

Die Methoden der evolutionären Überarbeitung lassen sich in Maßnahmen ohne Änderung der konzeptionellen Prozeßstruktur und Maßnahmen mit Änderung der konzeptionellen Prozeßstruktur gliedern.

4.6.1 Methoden ohne Änderung der konzeptionellen Prozeßstruktur

Mit den Methoden ohne Änderung der konzeptionellen Prozeßstruktur wird versucht, an bestimmten Prozeßstellen einzelne Wärmeaustauscher und gegebenenfalls Betriebsmittel einzusparen. Die damit erzielbaren Verbesserungen sind allerdings gegenüber den Effekten der Target-Optimierung und der Target-Realisierung in der Regel vernachlässigbar.

4.6.1.1 Direkter Wärmetransport

Im Rahmen der Flexibilisierung (siehe Kapitel 4.3) wurde u.a. jeglicher direkte Wärmetransport (direkter Wärmeaustausch) vermieden, um größtmögliches Potential für die Energieintegration zu gewinnen. Wenn allerdings dieses Potential nicht ausgeschöpft werden kann, sollten die in den Kapiteln 4.3.1.1 - 4.3.1.4 erläuterten Maßnahmen eventuell wieder rückgängig gemacht werden, um Investitionen zu sparen. Ein Beispiel: Wenn für eine Kolonne während der Flexibilisierung ein Feedvorwärmer eingefügt wurde und während der Target-Realisierung sowohl der Feedvorwärmer als auch der Kolonnenverdampfer *nicht* in eine Wärmeintegrationsmaßnahme einbezogen wurden und beide Wärmesenken mit dem gleichen Heizmittel betrieben werden (z.B. Niederdruckdampf), dann ist zu prüfen, ob auf den Feedvorwärmer verzichtet werden sollte. Die Wärmeleistung des Verdampfers wird näherungsweise um den Betrag zunehmen, die der Feedvorwärmer hatte. Mit einer

Simulation muß aber gegengerechnet werden, ob den Einsparungen (für den nicht mehr benötigten Feedvorwärmer) nicht zu große Zusatzinvestitionen entgegenstehen (z.B. ungünstige Dimensionierung der Kolonne durch nun unterkühlte Feedeinspeisung oder höherer Kühlbedarf für das Kopfprodukt). Ähnliches gilt für die vorgeschalteten Kondensatoren einer Rektifikation, wenn der Zulauf dampfförmig anfällt.

4.6.1.2 Schleifen und Pfade

Ein anderer, allerdings abstrakterer Ansatz, vergleichbare Effekte, wie sie in Kapitel 4.6.1.1 beschrieben wurden, berücksichtigen zu können, ist das Konzept der Schleifen und Pfade.

Wenn Wärmeaustausch-„Schleifen" identifizierbar sind, können gegebenenfalls Wärmeaustauscher eliminiert werden. Von einer Schleife spricht man, wenn man z.B. von einem heißen Strom über einen Wärmeaustauscher auf einen kalten Strom, von diesem über einen weiteren Wärmeaustauscher wieder auf einen heißen Strom gelangt, dann wieder auf einen kalten Strom usw., bis man schließlich wieder den Ausgangsstrom erreicht, ohne einen Wärmeaustauscher mehr als einmal benutzt zu haben /Fern90/.

Die wichtigste Eigenschaft einer Schleife ist, daß man über sie Wärmeleistungen von einem Wärmeaustauscher zum nächsten verschieben kann. Der Betrag der verschobenen Wärmeleistung wird von der Wärmeleistung des ersten Wärmeaustauschers abgezogen, beim nächsten wieder addiert usw., bis man schließlich wieder am Ausgangspunkt angekommen ist. Da entlang eines Stromes ein Wärmeleistungsbetrag abgezogen und gleich wieder addiert wird, ändert sich nichts am Wärmehaushalt der einzelnen Ströme. Auf diese Weise ist es möglich, die Wärmeleistung eines Wärmeaustauschers „auf null zu setzen", d.h. diesen Apparat zu eliminieren. Pro Schleife kann man jeweils auf einen Wärmeaustauscher verzichten und die Schleife so „aufbrechen" /Fern90/.

Allerdings ändern sich dabei die Temperaturverhältnisse und Austauschleistungen in den verbleibenden Wärmeaustauschern der aufgebrochenen Schleife. Dies kann zur Folge haben, daß die minimale Temperaturdifferenz ΔT_{min} (vergl. Kapitel 3.2.1) in einzelnen Wärmeaustauschern unterschritten wird.

Diese lokale Unterschreitung von ΔT_{min} muß durch sogenannte Wärmeleistungs-„Pfade" beseitigt werden /Fern90/. Dazu ist aber ein erhöhter Betriebsmittelbedarf für den Prozeß erforderlich. Insgesamt wird also ein Wärmeaustauscher gespart, aber es fallen höhere

Betriebsmittelkosten an. Daher muß mit einer genauen Wirtschaftlichkeitsrechnung überprüft werden, ob es ökonomisch vorteilhaft ist, eine Schleife wirklich aufzubrechen.

Alternativ kann man eine Unterschreitung von ΔT_{min} in den Wärmeaustauschern zulassen. Das bedeutet, daß für das globale ΔT_{min} der Composite Curves (siehe Kapitel 3.2.1) ein höherer Wert angesetzt wird, als für die konkreten Wärmeaustauscher der einzelnen Kopplungen. Diese Überlegung führt letztlich zu dem Modell des Pseudo-Pinches /Triv89/, auf das an dieser Stelle aber nicht weiter eingegangen wird.

4.6.2 Methoden mit Änderung der konzeptionellen Prozeßstruktur

Der Grundsatz der heuristisch-numerischen Energieintegration ist, daß es nicht ihre Hauptaufgabe sein kann, die konzeptionelle Prozeßstruktur zu optimieren (vergl. Kapitel 4.2). Dieser Grundsatz wird an dieser Stelle aufgegeben. Es wird versucht, die konzeptionelle Prozeßstruktur lokal zu verbessern, so daß dadurch auch die wärme-technische Prozeßstruktur weiter optimiert werden kann.

Die in Frage kommenden Maßnahmen beziehen sich fast ausschließlich auf Stoffaustauschapparate, die nicht in die Wärmeintegration einbezogen wurden und die sehr große Wärmeströme haben. Bei den meisten optimierten Prozessen werden die Apparate aber bereits in Wärmeintegrationsmaßnahmen eingeschlossen sein, und es wird daher nicht möglich sein, mit diesen Maßnahmen den Prozeß weiter zu verbessern.

4.6.2.1 Stoffaustauscheinrichtungen

4.6.2.1.1 Komplexe Kolonnenschaltungen

Komplexe Kolonnenschaltungen sind durch direkten Wärme- und Stoffverbund gekenn-zeichnet. Typische Schaltungen sind z.B. in /Schü93, Krab97/ aufgeführt. Da nach /West85a, Schü93, Anna96/ im allgemeinen durch Wärmeintegration von Kolonnen eine kostengünstigere Lösung erzielt werden kann als durch deren Ersatz in Form einer komplexen Kolonnenstruktur, sollten vor allem die nicht in die Integration einbezogenen Kolonnen auf die Anwendung potentieller komplexer Kolonnenstrukturen hin untersucht werden.

Es kann aber Fälle geben, bei denen bereits wärmeintegrierte Kolonnen durch eine komplexe Kolonnenschaltung weiter ökonomisch verbessert werden können /Scho85/. Wenn etwa zwei Kolonnen stofflich gekoppelt sind (z.B. Kopfprodukt der Kolonne 1 ist Feed der Kolonne 2) und es sich im Rahmen der Target-Realisierung als sinnvoll erwiesen hat, diese auch energetisch zu koppeln (Brüden der Kolonne 1 heizt Verdampfer der Kolonne 2), dann ist zu prüfen, ob auf den Wärmeaustauscher der Kopplung nicht verzichtet werden sollte und statt dessen das Kopfprodukt der Kolonne 1 direkt dampfförmig in die Kolonne 2 eingespeist werden sollte. Durch Simulationen ist aber zu überprüfen, ob den Einsparungen (der Wärmeaustauscher der Kopplung entfällt) nicht zu große Zusatzkosten gegenüber-stehen (ungünstigere Kolonnendimensionierung, Änderung des Rücklaufverhältnisses usw.).

4.6.2.1.2 Multi-Effekt-Destillationen

Bei der Multi-Effekt-Destillation werden statt einer einzigen konventionellen Destillations-kolonne mindestens zwei Kolonnen eingesetzt, die sowohl stofflich als auch thermisch gekoppelt sind. Die Drücke der „gesplitteten" Kolonnen werden so gewählt, daß die Kopf-temperatur der einen Kolonne so hoch ist, daß sie den Sumpf der nächsten Kolonne heizen kann /Schü93/.

Der Einsatz von Multi-Effekt-Destillationen sollte nur für nicht in die Wärmeintegration einbezogene Kolonnen überprüft werden; weiterhin müssen fragliche Kolonnen relativ große Mengen- und Wärmeströme sowie einen kleinen Temperaturgradienten zwischen Kopf und Sumpf haben, um Multi-Effekt-Schaltungen ökonomisch begründen zu können /Schü93/.

4.6.2.1.3 Wärmepumpen

Der Einsatz von Wärmepumpen ist ebenfalls nur für nicht in die Wärmeintegration einbezogene Kolonnen zu prüfen. Prinzipiell können Kompressions- und Absorptions-wärmepumpen bei Rektifikationen eingesetzt werden, um mit der Kondensationswärme des Kopfprodukts den Sumpf zu heizen /Schü93/. Ein Überblick über verwendete Wärme-pumpenschaltungen findet sich z.B. bei /Meil90/ oder /Schü93/.

Bei beiden Wärmepumpentypen sollte die einzusparende Wärmeleistung sehr hoch und das Temperaturgefälle über der Kolonne sehr klein sein, um die hohen Investitionen zu amortisieren /Schü93/.

4.6.2.2 Reaktoren

Auch für Reaktoren sind evolutionäre Maßnahmen zur ökonomischen Optimierung denkbar. Analog zu Kapitel 4.6.2.1 sind diese Maßnahmen vor allem für diejenigen Reaktoren relevant, die nicht in die Wärmeintegration einbezogen wurden. Diese Maßnahmen zu erarbeiten war allerdings nicht Gegenstand dieser Arbeit. Es sei in diesem Zusammenhang auf /Bühn98/ verwiesen.

4.7 Das energieoptimale Verfahrensfließbild

Das Ergebnis der heuristisch-numerischen Energieintegration ist ein energieoptimales Fließbild. In diesem Fließbild sind alle beeinflußbaren energetischen Prozeßparameter optimiert und fixiert und das gesamte Wärmeaustauschernetzwerk wurde entwickelt.

5 Programmtechnische Umsetzung

5.1 Anwendungsbereich

Das in Kapitel 4 beschriebene Konzept der heuristisch-numerischen Energieintegration wurde im Rahmen von PROSYN® zu dem Beratungssystem HEATPERT (Heat Integration Expert System) umgesetzt.

Mit HEATPERT kann die gesamte Energieintegration von der Eingabe des konzeptionellen Verfahrensfließbilds über die Optimierung der Betriebsparameter bis hin zur Generierung des Wärmeaustauschernetzwerks bearbeitet werden. Lediglich der letzte Teil der Strategie, die evolutionäre Überarbeitung des optimierten Verfahrensfließbilds (vergl. Kapitel 4), wurde aus den in Kapitel 4.6 dargelegten Gründen bislang nicht realisiert. In diesem Zusammenhang sei auf /Krab97/ verwiesen.

HEATPERT leitet den Planungsingenieur durch den Problemlösungsprozeß der Energieintegration und stellt ihm geschlossene Ansätze zur Target-Optimierung und zur Target-Realisierung zur Verfügung. An allen Strategiepunkten werden dem Ingenieur konkrete bewertete Vorschläge geliefert. Eine unter Umständen sehr große Alternativenanzahl kann problemlos verwaltet werden (vergl. Kapitel A.4.5). Durch die PROSYN®-übliche Erklärungsfunktion (siehe Kapitel 5.2) wird eine hohe Transparenz der Entscheidungswege gewährleistet. Ein Experte hat zudem stets die Möglichkeit, eigene Ideen einzubringen und ihre Auswirkungen zu analysieren.

5.2 Betriebssystem und Entwicklungssoftware

Die Entwicklung von HEATPERT erfolgte unter folgenden Randbedingungen:

- Betriebssystem UNIX (SOLARIS V2.3ff, DEC OSF/1, System V, ...)
- X-Windows-Oberfläche /O'Rei92a, O'Rei92b/
- IF/Prolog mit X 11.4 Interface und Athena Widget Set /Siem94/

IF/Prolog ist eine deklarative Programmiersprache und stellt die eigentliche Entwicklungsumgebung dar.

HEATPERT nutzt eine Vielzahl von externen Modulen. Es handelt sich dabei überwiegend um speziell für die Gestaltung heuristisch-numerischer Systeme am Lehrstuhl für Technische Chemie A der Universität Dortmund unter der Leitung von Prof. Dr. K. H. Simmrock entwickelte Komponenten /Biek91, Biek92, Bonm98, Gott98, Trot98/. Daneben besteht die Möglichkeit, auf weitere kommerziell vertriebene Softwarepakete externer Anbieter zuzugreifen. Hierzu gehören der Prozeßsimulator ASPEN Plus /ASPE94a, ASPE94b/ und verschiedene Stoffdatenbanken /Trot98/. Nachfolgend sind die für HEATPERT verwendeten Komponenten aufgeführt /Bonm98/:

- **Grafik-Utilities.** Dieser Modul beinhaltet eine Toolbox für die Gestaltung von Grafiken. Damit wird die Darstellung diverser Diagramme realisierbar (vergl. Kapitel 3 und 4).

- **Stoffdatenverwaltung und Stoffdatenberechnung.** Diese Komponente verwaltet alle Stoffdaten, die während des Problemlösungsprozesses für ein Verfahren erarbeitet wurden. Weiterhin sind Berechnungsmethoden implementiert, mit denen noch unbekannte Stoffdaten berechnet werden können. Auch ein Zugriff auf externe Datenbanken wird durch diese Komponente ermöglicht.

- **ASPEN Plus Schnittstelle.** Es handelt sich hierbei um eine Schnittstelle zur Bilanzierung und Kostenrechnung von Prozeßelementen mit Hilfe des Prozeßsimulators ASPEN Plus /ASPE94a, ASPE94b/. ASPEN Plus bietet u.a. Simulationsmodelle für sämtliche, im Rahmen der heuristisch-numerischen Energieintegration relevanten wärmetechnischen Haupt- und Nebenelemente.

- **Stromzustandsänderungen.** Dieser Modul ermöglicht die Berücksichtigung von Phasen-, Temperatur- und Druckänderungen von Prozeßströmen. Er greift seinerseits dabei auf die oben genannten Module „Stoffdatenverwaltung und Stoffdatenberechnung" sowie „ASPEN Plus Schnittstelle" zu.

- **Allgemeine Utilities und Oberfläche.** Die allgemeinen Utilities beinhalten standardisierte Ein- und Ausgabemasken sowie die Oberflächenverwaltung der Fenster und Applikationen. Darüber hinaus liefert der Modul eine Reihe standardisierter Hilfsroutinen.

- **Allgemeine Hilfe.** Dieser Modul stellt die Grundlage für allgemeine, systemübergreifende Benutzerhilfen zur Verfügung. Hierzu zählen z.B. ergänzende Hilfetexte zu Fragen des Systems an den Benutzer.

- **Erklärungskomponente.** Die Erklärungskomponente stellt eine Toolbox zur Programmierung der Erklärungsfunktion zur Verfügung. Dadurch können alle Entscheidungen hinterfragt und Entscheidungswege transparent gemacht werden.

Weiterhin wurden bei der Programmierung von HEATPERT folgende, speziell für die Energieintegration entwickelte Module verarbeitet:

- **Grafische Fließbildeingabe.** Dieser Modul geht auf /Gott98/ zurück. Er ermöglicht die grafische Eingabe des konzeptionellen Verfahrensfließbilds.

- **Composite Curves und Grand Composite Curve.** Die wichtigsten Konzepte der Pinch Analyse sind die Composite Curves und die Grand Composite Curve. Ihre programmtechnische Umsetzung im Rahmen von HEATPERT stellt die Grundlage für die Generierung der Wärmeaustauschernetzwerke dar. Der Modul basiert auf /Gott98/.

- **Entwicklung von Wärmeaustauschernetzwerken.** Auf /Neme95b/ geht ein erster Modul zur Entwicklung von Wärmeaustauschernetzwerken zurück. Im Rahmen dieser Arbeit wurde der Modul überarbeitet und erweitert, beispielsweise wurde eine Investitionsrechnung implementiert (vergl. Kapitel 4.5.5.1.2.3).

5.3 Programmstruktur

Die Struktur und Strategie der heuristisch-numerischen Energieintegration wurde in Kapitel 4 ausführlich erläutert und in Abbildung 4.1 skizziert. HEATPERT wurde entsprechend dieser Struktur programmiert. Wegen der Analogie zwischen Theorie und programmtechnischer Umsetzung soll an dieser Stelle die Programmstruktur nicht explizit erläutert werden, sondern es sei auf Kapitel 4 sowie /HEAT98c/ verwiesen.

5.4 Abgrenzung zu vorhandener Software

Mit HEATPERT wurde ein bisher nirgends in dieser Form publiziertes heuristisch-numerisches Beratungssystem realisiert, das die gesamte Energieintegration vom konzeptionellen Fließbild ausgehend über die Optimierung der Betriebsparameter bis hin zur Generierung des Wärmeaustauschernetzwerks zu bearbeiten gestattet.

Ein Vergleich mit der im Rahmen einer Literaturrecherche ermittelten Software soll im folgenden die vermutete Ausnahmestellung von HEATPERT verdeutlichen.

5.4.1 Abgrenzung zu Pinch Analyse Software

In der industriellen Praxis wird vor allem Pinch Analyse Software für die Energieintegration chemischer Prozesse verwendet /Wolf96a/. Es handelt sich dabei meist um die Programmpakete SuperTarget (Linnhoff March Limited, /Supe97/) und ADVENT (Aspen Technology, Inc., /ADVE91, ADVE97/). Andere, teilweise ebenfalls kommerziell vertriebene, auf der Pinch Analyse basierende Programme sind HEXTRAN (Simulation Sciences, Inc.,

/Chall81a, Chall81b, Jone85, Jone86, Gund88, HEXT97/), HEATNET (National Engineering Laboratory UK, /Mart90, Lomb92, HEAT98a, HEAT98b/), UCTNET (University of Cape Town, /UCTN97/) und PINCH (Technische Universität Graz, /Fern90/). Diese Programme umfassen allerdings deutlich weniger Funktionen als SuperTarget oder ADVENT.

Vergleicht man HEATPERT mit den die Pinch Analyse unterstützenden „konventionellen" Programmen, fallen vor allem zwei Punkte auf:

- **Systematische Target-Optimierung durch Einbeziehung der Wahl der Prozeß-parameter durch HEATPERT.** Wie in Kapitel 4 erläutert wurde, ist es ein wesentlicher Bestandteil der heuristisch-numerischen Energieintegration, vor der Generierung des Wärmeaustauschernetzwerks die Prozeßparameter im Hinblick auf optimale Targets festzulegen. Die Pinch Analyse stellt zwar grundsätzlich mit dem Plus-/Minus-Principle /Linn94/ ein Konzept für die Analyse von Prozeßmodifikationen bereit, aber eine systematische Optimierung der Prozeßstruktur unterbleibt genauso, wie wichtige Fragen, z.B. nach den Betriebsvariablengrenzen oder den konkreten Werten für die Prozeß-parameter, unbeantwortet bleiben.

- **Vorgabe einer leitenden Strategie und Entwicklung konkreter Vorschläge von HEATPERT.** HEATPERT hat die gesamte Strategie der heuristisch-numerischen Energieintegration so implementiert, daß das System den Bearbeiter durch den Problem-lösungsprozeß leitet, alle relevanten energetischen und ökonomischen Daten bewertet zur Verfügung stellt und an allen Strategiepunkten dem Bearbeiter konkrete Vorschläge liefert. Konventionelle Software zur Energieintegration hingegen stellt lediglich ein Werk-zeug dar, mit dessen Hilfe ein Bearbeiter eigene Ideen analysieren und umsetzen kann. Konkrete Vorschläge werden von konventioneller Software nicht geliefert.

5.4.2 Abgrenzung zu auf mathematischer Programmierung basierender Software

Inzwischen existiert mit SYNHEAT (Carnegie Mellon University, /Yee90b, Daic94, Boli98/), MAGNETS (Carnegie Mellon University, /Papa83, Flou86, Ciri97/), RESHEX (University of Wisconsin, /Sabo84, Sabo86a, Sabo86b, Gund90a/), SYNHEN (Universität von Breslau, /Fern90, Schü93/), HEXPERT (QuantiSci Limited, /Dhal88, John94, Quan98/), HEN Explorer (Technical University of Denmark, /Kirk83, Dola89, Dola90, Niel96/) und HEATREC (University of Technology, Warschau /Jezo97/) eine Reihe von Software zur Energieintegration, die auf mathematischer Programmierung beruht. Zusätzlich haben auch die in Kapitel 5.4.1 erwähnten Pinch Analyse Programme SuperTarget, ADVENT und HEXTRAN mathematische Optimierungsroutinen als Zusatzfunktionen implementiert.

Mathematische Software zur Energieintegration wird in der industriellen Praxis allerdings, wenn überhaupt, nur in Ausnahmefällen eingesetzt /Jezo97/. Dies ist vor allem auf die folgenden Punkte zurückzuführen:

- **Numerische Probleme durch lokale Optima und lange Rechenzeiten durch kombinatorische Explosion.** Die Existenz lokaler Optima bei der Lösung nichtlinearer Ansätze führt zu numerischen Problemen, die kombinatorische Explosion mit zunehmender Stromanzahl führt zu nicht akzeptablen Rechenzeiten /Gund97/. Dadurch ist es äußerst schwierig, Probleme mit 10 - 15 Strömen zu lösen, und unmöglich, Probleme mit mehr als 20 Strömen zu bearbeiten /Gund97/.

- **Beschränkung auf die Generierung des Wärmeaustauschernetzwerks.** Die erwähnten, auf mathematischer Programmierung basierenden Programme beschränken sich auf die Entwicklung der Wärmeaustauschernetzwerke. Eine Optimierung der Targets wird nicht berücksichtigt.

5.4.3 Abgrenzung zu heuristischer Software

Die bisher in der Literatur vorgestellten heuristischen Programme HEATEX, SPHEN und HEATPERT nach /Schü93/ sind zu rudimentär gehalten, um industriell eingesetzt zu werden: HEATEX (Carnegie Mellon University, /Grim82/) ist ein Programm zur Generierung von Wärmeaustauschernetzwerken, das nicht für industrielle Anwendungen geeignet ist /Grim82/. SPHEN (Tsinghua University of Beijing, /Chen89/) ist ebenfalls ein Programm zur Netzwerk-Generierung, bei dem eine Orientierung an den Gesamtkosten fehlt. HEATPERT nach /Schü93/ (Universität Dortmund, /Schü93, Sche94a/), der Vorgänger zu dem in dieser Arbeit vorgestellten Programm, kann lediglich Destillationssequenzen bearbeiten, eine Orientierung an Gesamtkosten fehlt auch hier.

5.5 Betrieb im Verbund kooperierender heuristisch-numerischer Systeme

5.5.1 Zielsetzung

Am Lehrstuhl für Technische Chemie A der Universität Dortmund wurde in den Jahren 1980-1995 der Programmverbund kooperierender heuristisch-numerischer Systeme PROSYN® (Process Synthesis) entwickelt /Simm89b, Simm90, Fund91, Wolf94, Sche94b, Sche96a, Sche96b, Sche98a, Sche98b, Sche98c/. Ziel des Verbundes ist es, vom Reaktionssystem ausgehend, Verfahrensstrukturen zu entwickeln, d.h. Prozeßsynthese zu ermöglichen.

5.5.2 Aufbau des Verbundsystems

PROSYN® besteht aus einer Vielzahl zunächst meist eigenständiger Systeme, welche einem überlagerten Managersystem untergeordnet und aufeinander abgestimmt sind. Sie lassen sich in die folgenden Klassen einordnen, die Klassifizierung und ihre Beschreibung ist /Bonm98/ entnommen:

- Managersystem
- Spezialsysteme
- Servicesysteme
- Designsysteme
- Hilfsmittel

Ein Managersystem erlaubt die Projektleitung und Projektabwicklung während der Prozeßsynthese. Es beinhaltet ein breites Wissen über das gesamte Aufgabengebiet ohne Detailwissen über die Einzeloperationen. Spezialsysteme dienen der Erarbeitung einzelner Operationen innerhalb eines chemischen Verfahrens. Sie sind „Spezialisten" mit sehr detailliertem Wissen zu einem begrenzten Bereich und werden nach Bedarf über das Managersystem mit einer genau definierten Aufgabenstellung aktiviert. Mit Servicesystemen unterstützt man die Spezialsysteme durch Ermittlung zusätzlicher operationsunabhängiger Prozeßdaten und die Bereitstellung übergreifender Verwaltungsfunktionen. Mit Design-systemen wird der Zusammenhang zwischen den gewünschten Operationen und der apparativen Gestaltung hergestellt. Zu den Hilfsmitteln zählen Datenbanken mit physikalisch-chemischen Basisdaten, Stoffdatencompiler und Short-Cut-Methoden zur Ermittlung verfahrenstechnischer und apparatetechnischer Größen sowie Schnittstellen zu kommerziellen Simulationsprogrammen und externen Datenbanken.

5.5.3 Schnittstelle zum Verbundsystem

Bei den bislang in PROSYN® vorhandenen Spezialsystemen handelte es sich um Systeme zur Reaktionstechnik /Fried91, Biek92, Drög94, Sche94c, Sche95a, Sche95b, West95, Drö96/, zur Trenntechnik /Fried90, Simm91, Welk91, Biek93, Biek95, Fund96, Sche97/ sowie zur Auswahl von Zusatzstoffen für Trennaufgaben /Frie90, Biek93, Biek95/. Das bedeutet, daß das Ergebnis von PROSYN® bisher ein konzeptionelles Verfahrensfließbild ohne Energieintegration darstellte (vergl. Abbildung 4.2), so daß bislang nicht die gesamte energieoptimale Prozeßsynthese bearbeitet wurde.

HEATPERT als Spezialsystem zur Energieintegration schließt nun diese Lücke. Vom konzeptionellen Fließbild ausgehend kann die Energieintegration durchgeführt und das energieoptimale Fließbild entwickelt werden. Die mit Hilfe von PROSYN® entwickelte Verfahrensstruktur stellt die Schnittstelle zwischen den bereits vorgefundenen Modulen und dem neu erstellten Modul HEATPERT innerhalb des Gesamtprogramms PROSYN® dar (vergl. Abbildung 4.2).

6 Symbolverzeichnis

Symbol	Einheit	Bedeutung
A	[m^2]	Wärmeaustauschfläche
a	[DM]	Auszahlung
a	[DM]	gesamte benötigte Wärmeaustauscherinvestitionen
a_0	[DM]	pagatorische Apparatekosten
a'_0	[DM]	pagatorische Apparatekosten an einem Bezugstag
α	[W/m^{2}K]	Wärmeübergangskoeffizient
B	[h/a]	Betriebsstunden pro Jahr
C	[DM]	Gesamtkosten
C'	[DM/t]	Grenzkosten
C_f	[DM]	Fixkosten
C_v	[DM]	variable Kosten
c_p	[kJ/kgK]	spezifische Wärmekapazität
c	[DM/t]	spezifische Gesamtkosten
c_f	[DM/t]	spezifische Fixkosten
c_v	[DM/t]	spezifische variable Kosten
CP	[kW/K]	CP-Wert nach Linnhoff
CP_{CCC}	[kW/K]	CP-Wert der Cold Composite Curve
CP_{HCC}	[kW/K]	CP-Wert der Hot Composite Curve
CP_h	[kW/K]	heißer CP-Wert
CP_k	[kW/K]	kalter CP-Wert
ΔCP_{ges}	[kW/K]	Differenz zwischen CP_{HCC} und CP_{CCC}
e	[DM]	Einzahlung
F	[-]	Korrekturfaktor für Wärmeaustauscher
F_p	[-]	resultierender druckabhängiger Zuschlagsfaktor
F_{p1}	[-]	druckabhängiger Zuschlagsfaktor
F_{p2}	[-]	druckabhängiger Zuschlagsfaktor
F_t	[-]	resultierender bauartabhängiger Zuschlagsfaktor
F_{t1}	[-]	bauartabhängiger Zuschlagsfaktor
F_{t2}	[-]	bauartabhängiger Zuschlagsfaktor
F_w	[-]	resultierender werkstoffabhängiger Zuschlagsfaktor
F_{w1}	[-]	werkstoffabhängiger Zuschlagsfaktor
F_{w2}	[-]	werkstoffabhängiger Zuschlagsfaktor
Δh	[kJ/kg]	spezifische Phasenübergangsenthalpie
Δh_v	[kJ/kg]	spezifische Verdampfungsenthalpie
I_0	[-]	Gegenwartswert des Chemical Engineering Equipment Index
I'_0	[-]	Bezugstagswert des Chemical Engineering Equipment Index
K	[-]	Komplexitätsfaktor
K	[DM]	Kapitalwert
K_{BM}	[DM]	Betriebsmittelkosten
K_b	[DM]	Basiskosten
K_{b1}	[-]	Basisfaktor
K_{b2}	[-]	Basisfaktor
K_{b3}	[-]	Basisfaktor
K_{Ges}	[DM]	Gesamtkosten
$K_{Ges,rel}$	[-]	relative Gesamtkosten
K_{Inv}	[DM]	Investitionskosten
k	[W/m^{2}K]	Wärmedurchgangskoeffizient
L	[-]	Zuschlagsfaktor nach Lang
m	[kg/s]	Massenstrom
N_h	[-]	Anzahl der heißen Prozeßströme am Pinch
N_k	[-]	Anzahl der kalten Prozeßströme am Pinch
N_s	[-]	Anzahl der heißen und kalten Prozeßströme am Pinch

n	[-]	Anzahl
P	[DM]	Verrechnungspreis
P_1	[DM/t]	Kostenfunktionsparameter
P_2	[DM]	Kostenfunktionsparameter
P_P	[DM/t]	Primärenergiepreis
p	[MPa]	Druck
Q	[kW]	Wärmeleistung
$Q_{Austausch}$	[kW]	Wärmeaustauschleistung
$Q_{h,min}$	[kW]	minimal erforderlicher Heizbedarf
$Q_{h,min,ex}$	[kW]	Exergieanteil des minimal erforderlichen Heizbedarfs
$Q_{k,min}$	[kW]	minimal erforderlicher Kühlbedarf
$Q_{k,min,ex}$	[kW]	Exergieanteil des minimal erforderlichen Kühlbedarfs
$Q_{Penalty}$	[kW]	Penalty
r	[-]	als Dezimalzahl geschriebener Kalkulationszinssatz
T	[a]	maximal zulässige Kapitalrückflußzeit
T	[K]	Temperatur
T_K	[K]	Kondensationstemperatur
T_{aus}	[K]	Austrittstemperatur
T_{ein}	[K]	Eintrittstemperatur
$T_{groß}$	[K]	große Ecktemp. in einem Abschnitt der Composite Curves
T_{klein}	[K]	kleine Ecktemp. in einem Abschnitt der Composite Curves
T_u	[K]	Umgebungstemperatur
ΔT	[K]	Temperaturdifferenz
ΔT_{ln}	[K]	logarithmische Temperaturdifferenz
ΔT_{min}	[K]	minimal zulässige Temperaturdifferenz am Pinch
$\Delta T_{min,opt}$	[K]	geschätzte optimale minimal zulässige Temperaturdifferenz
$\Delta T_{min,opt,exakt}$	[K]	wahrer Wert der optimalen minimalen Temperaturdifferenz
U_{min}	[-]	minimale Apparateanzahl
x	[t]	Ausbringmenge

7 Literaturverzeichnis

/ADVE91/
"ADVENT User Guide", *Benutzerhandbuch*, Aspen Technology, Inc. (1991).

/ADVE97/
"ADVENT - Turn Proven Process Integration Technology Into Bottom-Line Savings", *Produktinformation*, Aspen Technology, Inc. (1997).

/Ahma88/
Ahmad, S., Linnhoff, B., "Design of Multipass Heat Exchangers: An Alternative Approach", *ASME J. of Heat Transfer*, 110, pp. 304-309 (1988).

/Ahma89/
Ahmad, S., Smith, R., "Targets and Design for Minimum Number of Shells in Heat Exchanger Networks", *Chem. Eng. Res. Des.*, 67, pp. 481-494 (1989).

/Ahma90/
Ahmad, S., Linnhoff, B., Smith, R., "Targets and Design for Detailed Capital Cost Models", *Comp. & Chem. Eng.*, 14, 7, pp. 751-767 (1990).

/Ahma91/
Ahmad, S., Hui, D. C. W., "Heat Recovery Between Areas of Integrity", *Comp. & Chem. Eng.*, 15, 12, pp. 809-832 (1991).

/Albe92/
Alberts, H., „Der Einfluß der Ökologie auf die Produktpolitik", erschienen in: „Umweltbeziehungen des Marketings", Ergänzungsheft zu „Umweltbeziehungen des Marketings", *Vorlesungsskriptum*, Fernuniversität Hagen (1992).

/Alja88/
Al-Jarallah, A., "Kinetics of Methyl Tertiary Butyl Ether Synthesis Catalyzed by Ion Exchange Resin", *The Canadian Journal of Chemical Engineering*, 66, pp. 802-807 (1988).

/Aly97/
Aly, S., "Heuristic Approach for the Synthesis of Heat-Integrated Distillation Sequences", *Int. J. Energy Res.*, 21, pp. 1297-1304 (1997).

/Andr85a/
Andrecovich, M. J., Westerberg, A. W., "A Simple Synthesis Method Based on Utility Bounding for Heat-Integrated Distillation Sequences", *AIChE Journal*, 31, 3, pp. 363-375 (1985).

/Andr85b/
Andrecovich, M. J., Westerberg, A. W., "A MILP Formulation for Heat-Integrated Distillation Sequences Synthesis", *AIChE Journal*, 31, 9, pp. 1461-1474 (1985).

/Anna96/
Annakou, O., Mizsey, P., "Rigorous Comparative Study of Energy-Integrated Distillation Schemes", *Ind. Eng. Chem. Res.*, 35, pp. 1877-1885 (1996).

/Arco86/
U.S. Patent-Nr.: 4731490; Patentanmelder: Arco Chemical Company; "Process for Methyl Tertiary Butyl Ether Production"; Anmeldetag: 23.07.1986 (1986).

/ASPE94a/
"ASPEN Plus User Guide", *Benutzerhandbuch,* Aspen Technology, Inc. (1994).

/ASPE94b/
"ASPEN Plus Reference Manual - Costing", *Benutzerhandbuch,* Aspen Technology, Inc. (1994).

/Athi96/
Athier, G., Floquet, P., Pibouleau, L., Domenech, S., "Optimization of Heat Exchanger Networks by Coupled Simulated Annealing and NLP Procedures", *Comp. & Chem. Eng.,* 20, pp. 13-18 (1996).

/Athi97a/
Athier, G., Floquet, P., Pibouleau, L., Domenech, S., "Synthesis of Heat-Exchanger Networks by Simulated Annealing and NLP Procedures", *AIChE Journal.,* 43, 11, pp. 3007-3020 (1997).

/Athi97b/
Athier, G., Floquet, P., Pibouleau, L., Domenech, S., "Process Optimization by Simulated Annealing and NLP Procedures. Application to Heat Exchanger Network Synthesis", *Comp. & Chem. Eng.,* 21, pp. 475-480 (1997).

/BASF79/
Offenlegungsschrift DE 2928509; Patentanmelder: BASF AG; „Verfahren zur gemeinsamen Herstellung von Methyl-tert.-butylether"; Anmeldetag: 14.07.1979 (1979).

/BDI96/
„Aktualisierte Erklärung der deutschen Wirtschaft zur Klimavorsorge", *Erklärung,* Bundesverband der Deutschen Industrie e.V. (1996).

/BDI98/
„Position der deutschen Wirtschaft zur Klimapolitik nach Kyoto", *Positionspapier,* Bundesverband der Deutschen Industrie e.V. (1998).

/Beal97/
Bealing, C., *Experteninterview,* Linnhoff March Limited (1997).

/Bett79/
Bettman, J., "An Information Processing Theory of Consumer Choice", Reading (1979).

/Biek91/
Bieker, T., Funder, R., Schüttenhelm, W., Simmrock, K. H., „Tools zur Entwicklung kooperierender Expertensysteme für computerunterstützte Prozeß-Synthese", *Proceedings,* 4. IF/Prolog User Day, München (1991).

/Biek92/
Bieker, T., Dröge, T., Funder, R., Schüttenhelm, W., Simmrock, K. H., Westhaus, U., „Tools zur Entwicklung von Expertensystemen in der Verfahrenstechnik am Beispiel der Reaktorauswahl", *Proceedings,* 5. IF/Prolog User Day, München (1992).

/Biek93/
Bieker, T., Simmrock, K. H., "Knowledge Integrating System for the Selection of Solvents for Extractive and Azeotropic Distillation", *Comp. & Chem. Eng.,* 18, 1, pp. 25-29 (1993).

/Biek95/
Bieker, T., „Ein Beitrag zur Auswahl von Hilfsstoffen für die Extraktiv- und Azeotroprektifikation", *Dissertation*, Universität Dortmund (1995).

/Bitz94/
Bitz, M., „Investition und Finanzierung", *Vorlesungsskriptum*, Fernuniversität Hagen (1994).

/Bitz96/
Bitz, M., „Investitionstheoretische Grundlagen", *Vorlesungsskriptum*, Fernuniversität Hagen (1996).

/Blaß89/
Blaß, E., „Entwicklung verfahrenstechnischer Prozesse", Otto Salle Verlag, Frankfurt am Main (1989).

/BMUN97/
„Umweltpolitik, Beschluß der Bundesregierung zum Klimaschutzprogramm der Bundesrepublik Deutschland auf der Basis des Vierten Berichts der Interministeriellen Arbeitsgruppe 'CO$_2$-Reduktion'", Bundesministerium für Umwelt, Naturschutz und Reaktorsicherheit (1997).

/BMUN98/
„Kyoto - Erfolg und weitere Verpflichtungen im weltweiten Klimaschutz", *Regierungserklärung*, Bundesministerium für Umwelt, Naturschutz und Reaktorsicherheit (1998).

/BMWi95/
„Effizienzsteigerung bei der Nutzung von Energie und Rohstoffen", *Gemeinsames Positionspapier*, Bundesministerium für Wirtschaft, IG Chemie-Papier-Keramik, Verband der Chemischen Industrie e.V. (1995).

/Boli98/
Bolio, B., Türkay, A., Iyer, R., Daichendt, M., Yee T., and Grossmann, I. E., "Synheat - Simultaneous Optimization for Heat Exchange Networks Synthesis", Carnegie Mellon University, *Produktinformation* (1998).

/Bonm98/
Bonmann, R. W., „Heuristisch-numerische Vorauswahl von Einbauten für Rektifikations-kolonnen", *Dissertation*, Universität Dortmund (1998).

/Bühn98/
Bühner, C., „Auswahl von Reaktoren von mehrphasigen Stoffsystemen", *Dissertation in Vorbereitung*, Universität Dortmund (1998).

/Cerd83a/
Cerda, J., Westerberg, A. W., Mason, D., Linnhoff, B., "Minimum Utility Usage in Heat Exchanger Network Synthesis - A Transportation Problem", *Chem. Eng. Sci.*, 38, pp. 373-387 (1983).

/Cerd83b/
Cerda, J., Westerberg, A. W., "Synthesizing Heat Exchanger Networks having Restricted Stream/Stream Match using Transportation Problem Formulations", *Chem. Eng. Sci.*, 38, pp. 1723-1740 (1983).

/Chall81a/
Challand, T. B., O'Reilly, M. G., "New Engineering Software for Energy Conservation Projects", *Proc. 2nd Int. Conf. Engng. Software*, London, pp. 306-316 (1981).

/Chall81b/
Challand, T. B., Colbert, R. W., Venkatesh, C. K., "Computerized Heat Exchanger Networks", *Chem. Eng. Prog.*, pp. 65-71 (1981).

/Chen89/
Chen, B., Shen, J., Sun, Q., Hu, S., "Development of an Expert System for Synthesis of Heat Exchanger Networks", *Comp. & Chem. Eng.*, 13, 11/10, pp. 1221-1227 (1989).

/Chia83/
Chiang, T., Luyben, W. L., "Comparison of Energy Consumption in Five Heat-Integrated Distillation Configurations", *Ind. Eng. Chem. Process Des. Dev.*, 22, 2, pp. 175-179 (1983).

/Ciri91/
Ciric, A. R., Floudas, C. A., "Heat Exchanger Network Synthesis without Decomposition", *Comp. & Chem. Eng.*, 15, pp. 385-396 (1991).

/Ciri97/
Ciric, A., Katowhala, S., Zhang, S., Floudas, C., Grossmann, I. E., "MAGNETS - Synthesis of Heat Exchanger Networks by Sequential Optimization", Carnegie Mellon University, *Produktinformation* (1997).

/Corr82/
Corripio, A. B., Chrien, K. S., Evans, L. B., "Estimate Costs of Heat Exchangers and Storage Tanks", *Chem. Eng.*, 25, pp. 125-127 (1982).

/Daic94/
Daichendt, M., Grossmann, I. E., "Preliminary Screening Procedure for the MINLP Synthesis of Process Systems - II. Heat Exchanger Network Synthesis", *Comp. & Chem. Eng.*, 18, 8, pp. 679-709 (1994).

/Dhal88/
Dhallu, N. S., Johns, W. R., "Minimum Cost Heat Exchanger Networks: A non-linear Transportation Algorithm", *Understanding Process Integration II, IChemE Symposium Series*, 109, 117 (1988).

/Dhol92/
Dhole, V. R., Linnhoff, B., "Total Site Targets for Fuel, Co-Generation, Emissions and Cooling", *European Symposium on Computer Aided Process Engineering - 2* (1992).

/Dhol93/
Dhole, V. R., Linnhoff, B., "Distillation Column Targets", *Comp. & Chem. Eng.*, 17, 5/6, pp. 549-560 (1993).

/Dhol94/
Dhole, V. R., Linnhoff, B., "Overall Design of Subambient Plants", *Comp. & Chem. Eng.*, 18, pp. 105-111 (1994).

/Dola89/
Dolan, W. B., Cummings, P. T., Le Van, M. D., "Process Optimization via Simulated Annealing: Application in Network Design", *AIChE Journal*, 35, pp. 725-736 (1989).

/Dola90/
Dolan, W. B., Cummings, P. T., Le Van, M. D., "Algorithmic Efficiency of Simulated Annealing for Heat Exchanger Network Design", *AIChE Journal*, 36, pp. 1039-1051 (1990).

/Drög94/
Dröge, T., Schembecker, G., Westhaus, U., Simmrock, K. H., "Heuristisch-numerische Beratungssysteme für die Reaktorauswahl bei der Verfahrensplanung", *Chem.-Ing.-Tech*, 66, 8, pp. 1043-1050 (1994).

/Drö96/
Dröge, T., "Auswahl technisch einsetzbarer Reaktoren: Ein Beitrag zu READPERT", *Dissertation*, Universität Dortmund (1995).

/Enge88/
Engelmann, H. D., Erdmann, H. H., Simmrock, K. H., "Verbund von Expertensystemen zur Prozeßsynthese", *Chem.-Ing.-Tech.*, 60, 9, pp. 703-704 (1988).

/Enge89/
Engelmann, H. D., Erdmann, H. H., Funder, R., Simmrock, K. H., "The Solving of Complex Process Synthesis Problems Using Distributed Expert Systems", *Comp. & Chem. Eng*, 13, 4/5, pp. 459-465 (1989).

/Erdm86/
Erdmann, H. H., Lauer, M., Passmann, E., Schrank, E., Simmrock, K. H., "Expertensysteme - ein Hilfsmittel der Prozeßsynthese", *Chem.-Ing.-Tech.*, 58, pp. 296-307 (1986).

/Erdm87a/
Erdmann, H. H., Engelmann, H. D., Burgard, W., Simmrock, K. H., "Erzeugung von Verfahrensfließbildern mit Expertensystemen", *Chem.-Ing.-Tech.*, 59, 8, pp. 650-652 (1987).

/Erdm87b/
Erdmann, H. H., Engelmann, H. D., Kussi, J. S., Simmrock, K. H., "Computergestützte Prozeßsynthese chemischer Verfahren", *Chem.-Ing.-Tech.*, 59, 9, pp. 732-733 (1987).

/Erdö81/
Offenlegungsschrift 3148109; Patentanmelder: EC Erdölchemie GmbH; "Verfahren zur Herstellung von Methyl.tert.-butylether (MTBE) und weitgehend von i-Buten und vom Methanol befreiter Kohlenwasserstoff-Raffinaten"; Anmeldetag: 04.12.1981 (1981).

/Fabi98/
Fabiunke, R., *Persönliche Mitteilung*, Vestolit GmbH (1998).

/Fand81/
Fandel, G., "Gestaltung realer Güterprozesse", *Glossar zum Vorlesungsskriptum*, Fernuniversität Hagen (1981).

/Fern90/
Ferner, H., Schnitzer, H., "Optimierte Wärmeintegration in Industriebetrieben", *Grazer Schriftenreihe Verfahrenstechnik*, Band 3, Technische Universität Graz (1990).

/Flat92/
Flato, J., Hoffmann, U., "Development and Start-up of a Fixed Bed Reaction Column for Manufactoring Antiknock Enhancer MTBE", *Chemical Engineering Technology*, 15, pp. 193-201 (1992).

/Flou86/
Floudas, C., Ciric, A., Grossmann, I. E., "Automatic Synthesis of Optimum Heat Exchanger Network Configurations", *AIChE Journal.*, 32, pp. 276-290 (1986).

/Fried90/
Fried, A., „Erstellung eines wissensbasierten Beratungssystems zur Auswahl von Zusatzstoffen für Hilfsstoffrektifikationen in der Prozeßsynthese", *Dissertation*, Universität Dortmund (1990).

/Fried91/
Fried, B., „Regelbasierte Auswahl von Reaktortypen mittels wissensbasierter Programmierung", *Dissertation*, Universität Dortmund (1991).

/Fund91/
Funder, A., Simmrock, K. H., „Prozeßsynthese mit Hilfe kooperativer verteilter Expertensysteme", Dortmunder Expertensystemtage 1991, TÜV Rheinland Verlag (1991).

/Fund96/
Funder, R., „Entwicklung kooperierender Expertensysteme am Beispiel der Rektifikation", *Dissertation*, Universität Dortmund (1996).

/Gott98/
Gottschalk, A., „Ein Beitrag zur Energieintegration chemischer Prozesse", *Dissertation in Vorbereitung*, Universität Dortmund (1998).

/Grim82/
Grimes, L. E., Rychener, M. D., Westerberg, A. W., "The Synthesis and Evolution of Networks of Heat Exchange that Feature the Minimum Number of Units", *Chem. Eng. Commun.*, 14, pp. 339-360 (1982).

/Gross98/
Grossmann, I. E., Yeomans, H., Kravanja, Z., "A Rigorous Disjunctive Optimization Model for Simulation and Heat Integration", *Comp. & Chem. Eng.*, 22, pp. 157-164 (1998).

/Gund88/
Gundersen, T., Naess, L., "The Synthesis of Cost Optimal Heat Exchanger Networks", *Comp. & Chem. Eng.*, 12, 6, pp. 503-530 (1988).

/Gund90a/
Gundersen, T., Naess, L., "The Synthesis of Cost Optimal Heat Exchanger Networks", *Heat Recovery Systems & CHP*, 10, pp. 301-328 (1990).

/Gund90b/
Gundersen, T., Grossmann, I., E., "Improved Optimization Strategies for Automated Heat Exchange Network Synthesis throught Physical Insights", *Comp. & Chem. Eng.*, 14, pp. 925-944 (1990).

/Gund97/
Gundersen, T., Traedal, P., Hashemi-Ahmady, A., "Improved Sequential Strategy for the Synthesis of Near-Optimal Heat Exchanger Networks", *Comp. & Chem. Eng.*, 21, pp. 59-64 (1997).

/Hall90/
Hall, S. G., Ahmad, S., Smith, R., "Capital Cost Targets for Heat Exchanger Networks Comprising Mixed Materials of Constructions, Pressure Ratings and Exchanger Types", *Comp. & Chem. Eng.*, 14, 3, pp. 319-335 (1990).

/Hall94/
Hall, S. G., Linnhoff, B., "Targeting for Furnace Systems Using Pinch Analysis", *Ind. Eng. Chem. Res.*, 33, 12, pp. 3187-3195 (1994).

/Hame96/
Hamed, O. A., Aly, S., Abu-Khousa, E., "Heuristic Approach for the Heat Exchanger Networks", *Int. J. of Energy Res.*, 20, pp. 797-810 (1996).

/Hao95/
Hao, X. R., Wang, J. S., Yang, Z. R., Bao, J., "Novel Catafraction Technology for the Production of MTBE", *The Chemical Engineering Journal*, 56, pp. 11-18 (1995).

/Hart85/
Hartmann, K., Kaplick K., „Analyse und Entwurf chemisch-technologischer Verfahren", Akademie-Verlag (1985).

/Hauc98/
Hauck, T., „Heuristisch-numerischer Entwurf von Extraktionsprozessen", *Dissertation in Vorbereitung*, Universität Dortmund (1998).

/HEAT98a/
"Software Products: HEATNET", *Produktinformation*, National Engineering Laboratory, Glasgow, UK (1998).

/HEAT98b/
"HEATNET - Technical Specification", *Produktinformation,* National Engineering Laboratory, Glasgow, UK (1998).

/HEAT98c/
„HEATPERT Benutzerhandbuch", *Benutzerhandbuch,* Universität Dortmund (1998).

/Herw84/
Herwig, J., Schleppinghoff, B., Schulwitz, S., "New Low Energy Process for MTBE and TAME", *Hydrocarbon Processing*, pp. 86-87 (1984).

/HEXT97/
"HEXTRAN - Application Data Sheet", *Produktinformation,* Simulation Sciences, Inc. (1985).

/Hohm71/
Hohmann, E. C., "Optimum Networks for Heat Exchange", *Ph.D. Thesis*, University of Southern California (1971).

/Huan76/
Huang, F., Elshout, R. V., "Optimizing the Heat Recovery of Crude Units", *Chem. Eng. Progress*, 72, 7, pp. 68-74 (1976).

/Hui94/
Hui, C. W., Ahmad, S., "Total Site Heat Integration Using the Utility System", *Comp. & Chem. Eng.*, 18, 8, pp. 729-742 (1994).

/Hüls76/
Patentschrift DE 2629769; Patentinhaber: Hüls AG; „Verfahren zur Herstellung von reinem Methyl-tertiär-butylether"; Anmeldetag: 02.07.1976 (1976).

/Hüls78/
Patentschrift DE 2853769; Patentinhaber: Hüls AG; „Verfahren zur gleichzeitigen Herstellung von reinem Methyl-tert.-butylether und einem C4-Kohlenwasserstoffgemisch, das wesentlich weniger als 1% Isobuten enthält"; Anmeldetag: 13.12.1978 (1978).

/Hüls94/
Europäische Patentanmeldung EP 0633048A1; Patentanmelder: Hüls AG; „Verfahren zur Durchführung chemischer Reaktionen in Reaktionsdestillationskolonnen"; Anmeldetag: 04.05.1994 (1994).

/Humm82/
Hummel, S., „Kostenrechnung", *Vorlesungsskriptum*, Fernuniversität Hagen (1982).

/IFDP80a/
Offenlegungsschrift 3006104; Patentanmelder: Institut Francais Du Petrole; „Verfahren zur Isolierung von Methyl-tert.-Butylether aus den Reaktionsprodukten der Umsetzung von Methanol mit einer C4-Kohlenwasserstoff-Fraktion, welche Isobuten enthält"; Anmeldetag: 19.02.1980 (1980).

/IFDP80b/
Offenlegungsschrift 3017413; Patentanmelder: Institut Francais Du Petrole; „Verfahren zur Herstellung und Isolierung von Methyl-tert.-Butylether"; Anmeldetag: 17.05.1980 (1980).

/IFDP87/
Offenlegungsschrift 3718144; Patentanmelder: Institut Francais Du Petrole; „Verfahren zur Herstellung von Methyl-tert.-Butylether und einem Superkraftstoff, ausgehend von Butanen und/oder C4-Schnitten aus Verfahren zum katalytischen Cracken und zur katalytischen Reformierung"; Anmeldetag: 29.05.1987 (1987).

/IFDP89a/
Europäische Patentanmeldung EP 0332525A1; Patentanmelder: Institut Francais Du Petrole; „Prozeß zur Herstellung eines tertiären Ethers durch Reaktivdestillation"; Anmeldetag: 13.09.1989 (1989).

/IFDP89b/
Europäische Patentanmeldung EP 0334702A1; Patentanmelder: Institut Francais Du Petrole; „Prozeß zur Herstellung eines tertiären Ethers durch Reaktivdestillation"; Anmeldetag: 13.09.1989 (1989).

/Isla87/
Isla, M. A., Cerdá, J., "Simultaneous Synthesis of Distillation Trains and Heat Exchanger Networks", *Chem. Eng. Sci.*, 42, 10, pp. 2455-2463 (1987).

/Isla88/
Isla, M. A., Cerdá, J., "A Heuristic Method for the Synthesis of Heat-Integrated Distillation Systems", *The Chem. Eng. J.*, 38, pp. 161-177 (1988).

/Jano98/
Janowsky, R., Groebel, M., Wolff, A., „Optimierung des Energieverbrauchs von Anlagen-komplexen und Chemiestandorten durch SitEModelling™, *Vortrag,* gehalten bei bei der internen Arbeitssitzung des GVC-Fachausschusses "Prozeß- und Anlagentechnik", des DECHEMA-Arbeitsausschusses "Computeranwendungen in der Chemischen Industrie", des GVC-Arbeitskreises "Produktionslogistik" und des GVC-Fachausschusses "Rohrleitungs-technik", Kleve, Oktober (1998).

/Jezo97/
Jezowski, J., Jezowska, A., "Computer Aided Designing of Heat Exchanger Networks", *Hung. J. Ind. Chem.*, 25, pp. 127-135 (1997).

/John94/
Johns, W. R., Williams, M. J., "Cost-Optimal Heat Exchange Network Synthesis", *Understanding Process Integration II, IChemE Symposium Series*, 133 (1994).

/Jone85/
Jones, D. A, Tilton, B. E., "Simulation Technology Solves Heat Recovery Problems", *Reprinted from the September 1985 Issue of Energy Management Technology*, Simulation Sciences, Inc. (1985).

/Jone86/
Jones, D. A., Yilmaz, A. N., Tilton, B. E., "Synthesis Techniques for Retrofit Heat Recovery Systems", *Chem. Eng. Prog.*, pp. 28-33 (1986).

/Jung95/
Jung, J., „Angewandte Kosten- und Wirtschaftlichkeitsrechnung bei der Anlagen-projektierung", *Vorlesungsskriptum*, Universität Dortmund (1995).

/Karp94/
Karpe, H.-J., „Gesetze, Genehmigungsverfahren und deren Auswirkungen in der chemischen Industrie", *Vorlesungsskriptum*, Universität Dortmund (1994).

/Kirch91/
Kirchner, R., Knab, H., Kuczera, M., „Erste Erfahrungen mit einer der größten MTBE-Anlagen Europas", *Erdöl Erdgas Kohle*, pp. 465-468 (1991).

/Kirk83/
Kirkpatrick, S. C., Gelatt, C., Vecchi, M., "Optimization by Simulated Annealing", *Science*, 220, pp. 671-680 (1983).

/Kohl98/
Kohlpaintner, C., „Zweiphasen Katalyse bei Hoechst: Beispiele aus der industriellen Praxis", *Vortrag,* gehalten an der Universität Dortmund, Juli (1998).

/Kotj86/
Kotjabasakis, F., Linnhoff, B., "Sensitivity Tables for the Design of Flexible Processes, Part I: How Much Contigency in Heat-Exchanger Networks is Cost-Effective?", *Chem. Eng. Res. & Des.*, 64, pp. 197-211 (1986).

/Krab97/
Krabbe, G., „Aufarbeitung von Mehrkomponentengemischen", *Untersuchung*, Gesellschaft für heuristisch-numerische Beratungssysteme mbH (1997).

/Kuss86/
Kussi, J.-S., „Computergestützte Prozeßsynthese chemischer Verfahren", *Dissertation*, Universität Dortmund (1986).

/Kuß92/
Kuß, A., „Marketingplanung", *Vorlesungsskriptum,* Fernuniversität Hagen (1992).

/Kuß93/
Kuß, A., „Grundzüge des Käuferverhaltens", *Vorlesungsskriptum,* Fernuniversität Hagen (1993).

/Linn78a/
Linnhoff, B., Flower, J. R., "Synthesis of Heat Exchanger Networks: I. Systematic Generation of Energy Optimal Networks", *AIChE Journal*, pp. 633-643, 24 (1978).

/Linn78b/
Linnhoff, B., Flower, J. R., "Synthesis of Heat Exchanger Networks: II. Evolutionary Generation of Networks with Various Criteria of Optimality", *AIChE Journal*, pp. 643-653, 24 (1978).

/Linn79a/
Linnhoff, B., "Thermodynamic Analysis in the Design of Process Networks", *Ph.D. Thesis*, University of Leeds (1979).

/Linn79b/
Linnhoff, B., Mason, D. R., Wardle, R., "Understanding Heat Exchanger Networks", *Comp. & Chem. Eng.*, 3, pp. 295-302 (1979).

/Linn82/
Linnhoff, B., Townsend, D. W., Boland, D., Hewitt, G. F., Thomas, B. E. A., Guy, A. R., Marsland, R. H., "User Guide on Process Integration for the Efficient Use of Energy", *IChemE*, Rugby, U. K. (1982).

/Linn83a/
Linnhoff, B., Hindmarsh, E., "The Pinch Design Method for Heat Exchanger Networks", *Chem. Eng. Sci.*, 38, 5, pp. 745-763 (1983).

/Linn83b/
Linnhoff, B., Dunford, H., Smith, R., "Heat Integration of Distillation Columns into Overall Processes", *Chem. Eng. Sci.*, 38, 8, pp. 1175-1188 (1983).

/Linn84a/
Linnhoff, B., Vredefeld, D. R., "Pinch Technology has Come of Age", *Chem. Eng. Progress.*, 7, pp. 33-40 (1984).

/Linn84b/
Linnhoff, B., Parker, S., "Heat Exchanger Networks with Process Modifications", *IChemE Annual Research Meeting*, Bath, U. K., April (1984).

/Linn86/
Linnhoff, B., Kotjabasakis, E., "Process Optimization: Downstream Paths for Operable Process Design", *Chem. Eng. Prog.*, 82, 5, pp. 23-28 (1986).

/Linn89/
Linnhoff, B., "Pinch Technology for the Synthesis of Optimal Heat and Power Systems", *ASME J. of Energy Res. Tech.*, 111, 3, pp. 137-147 (1989).

/Linn90/
Linnhoff, B., Ahmad, S., "Cost Optimum Heat Exchanger Networks, Part 1: Minimum Energy and Capital Using Simple Models for Capital Cost", *Comp. & Chem. Eng.*, 14, 7, pp. 729-750 (1990).

/Linn92/
Linnhoff, B., Dhole, V. R., "Shaftwork Targets for Low Temperature Process Design", *Chem. Eng. Sci.*, 47, 8, pp. 2081-2091 (1992).

/Linn94/
Linnhoff, B., "Use Pinch Analysis to Knock Down Capital Costs and Emissions", *Chem. Eng. Progress*, 8, pp. 32-57 (1994).

/Linn97/
Linnhoff, B., Eastwood, A. R., "Overall Site Optimization by Pinch Technology", *Chem. Eng. Res. and Des.*, 75, pp. 138-144 (1997).

/Lomb92/
Lombardo, G., Guillet, F., Muratore, E., Viinikainen, S., "Exergy and Pinch Analysis of Kraft Pulp Mill", *Proceedings of International Conference on Energy Efficiency in Process Technology*, Athens, October (1992).

/Männ82/
Männel, W., „Kostenrechnung", *Vorlesungsskriptum,* Fernuniversität Hagen (1982).

/Mart90/
Martin, C., "Using Software Tools in Heat Integration and Optimization", *Heat Transfer and Heat Exchangers*, January (1990).

/Meil90/
Meili, A., "Heat Pumps for Distillation Columns", *Chem. Eng. Progress*, 86, 6, pp. 60-65 (1990).

/Mesz86a/
Meszaros, I., Fonyo, Z., "Parametric Studies and Extensive State Optimization for Energy Integrated Distillation Systems: A new Short-Cut Synthesis Method", *Hung. J. Ind. Chem.*, 14, pp. 203-217 (1986).

/Mesz86b/
Meszaros, I., Fonyo, Z., "A new Bounding Strategy for Synthesizing Distillation Schemes with Energy Integration", *Comp. & Chem. Eng.*, 10, 6, pp. 545-550 (1986).

/Mesz87/
Meszaros, I., Fonyo, Z., "Rules of Thumb for Assigning Heat-Integrated Distillation Schemes", *Hung. J. Ind. Chem.*, 15, pp. 47-53 (1987).

/Mesz88/
Meszaros, I., Fonyo, Z., "A Simple Method to Select Heat-Integrated Distillation Schemes", *Chem. Eng. Sci.*, 43, 11, pp. 3109-3113 (1988).

/Metr53/
Metropolis, N., Rosenbluth, A. W., Rosenbluth, M. N., Teller, A. H., Teller, E., "Equation of State Calculations by fast Computing Machines", *The Journal of Chemical Physics*, 21, 6, pp. 1087-1092 (1953).

/Möll92/
Möllers, P., „Basisinformationen zum betrieblichen Rechnungswesen", *Glossar,* Fernuniversität Hagen (1992).

/Mus91/
Mus, G., „Buchhaltung", *Vorlesungsskriptum,* Fernuniversität Hagen (1991).

/Neme95a/
Nemecek, M., „Optimierung eines chemischen Verfahrens am Beispiel der Synthese von MTBE", *Studienarbeit*, Universität Dortmund (1995).

/Neme95b/
Nemecek, M., „Aufbau eines wissensbasierten Moduls zur Konstruktion von Wärmetauschernetzwerken", *Diplomarbeit*, Universität Dortmund (1995).

/Niel96/
Nielsen, J. S., Hansen, M. W., Joergensen, S., "Heat Exchanger Network Modelling Framework for Optimal Design and Retrofitting", *Comp. & Chem. Eng.*, 20, pp. 249-254 (1996).

/Nipp78/
Patentschrift DE 2752111; Patentinhaber: Nippon Oil Company; „Verfahren zur kontinuierlichen Herstellung von Methyl-t-butylether"; Anmeldetag: 22.11.1978 (1978).

/Oben78/
Obenaus, F., Droste, W., „Hüls-Prozeß. Methyl Tertiär Butylether", *Erdöl und Kohle-Erdgas-Petrochemie vereinigt mit Brennstoff-Chemie*, 33, pp. 271-275 (1978).

/O'Rei92a/
"X Protocol Reference Manual", O'Reilly & Associates, Inc. (1992).

/O'Rei92b/
"Xlib Programming Manual", O'Reilly & Associates, Inc. (1992).

/Papa83/
Papaoulias, S. A., Grossmann, I. E., "A Structure Optimization Approach to Process Synthesis - II. Heat Recovery Networks", *Comp. & Chem. Eng.*, 7, pp. 707-721 (1983).

/Poll90/
Polley, G. T., Panjeh Shahi, M. H., Jegede, F. O., "Pressure Drop Consideration in the Retrofit of Heat Exchanger Networks", *Trans. of IChemE*, 68, pp. 211-220 (1990).

/Pruß98/
Pruß, A., *Persönliche Mitteilung*, Hüls Infracor GmbH (1998).

/Quan98/
"HEXPERT", *Produktinformation*, QuantiSci Limited (1998).

/Ques93/
Quesada, I., Grossmann, I. E., "Global Optimization Algorithm for Heat Exchanger Networks", *Ind. Eng. Chem. Res.*, 32, pp. 487-499 (1993).

/Ques95/
Quesada, I., Grossmann, I. E., "A Global Optimization Algorithm for Linear Fractional and Bilinear Programs", *Global Optim.*, 6, pp. 39-76 (1995).

/Radg97/
Radgen, P., Schulz, E., „Möglichkeiten und Grenzen der Pinch Analyse und der exergetischen Analyse zur Verbesserung und Optimierung industrieller Prozesse", *VDI Berichte*, VDI Verlag GmbH, pp. 69-90 (1997).

/Rehf88/
Rehfinger, A., „Untersuchungen zur Flüssigphasensynthese von Methyl-tert.-butylether an einem starksauren Ionenaustauscherharz als Katalysator", *Dissertation*, Technische Universität Clausthal (1988).

/Rich98a/
Richard, B., "Worldwide MTBE Plant Summary", DeWitt & Company, Inc. (1998).

/Rich98b/
Richard, B., "Supply/Demand Table - Medium Case", DeWitt & Company, Inc. (1998).

/Rudm97/
Rudman, A., *Experteninterview*, Linnhoff March Limited (1997).

/Rudm98/
Rudman, A., „Fallstudie: Optimierung des Energieverbunds Werk Marl", *Veröffentlichung in Vorbereitung* (1998).

/Ryoo95/
Ryoo, H. S., Sahinidis, N. V., "Global Optimization of Non-Convecs NLPs and MINLPs with Application in Process Design", *Comp. & Chem. Eng.*, 19, pp. 551-566 (1995).

/Sabo84/
Saboo, A. K., Morari, M., "Design of Resilient Processing Plants", *Chem. Eng. Sci.*, 39, pp. 579-592 (1984).

/Sabo86a/
Saboo, A. K., Morari, M., Colberg, R. D., "RESHEX - An Interactive Software Package for the Synthesis and Analysis of Resilient Heat Exchanger Networks - I. Program Description and Application", *Comp. & Chem. Eng.*, 10, pp. 577-589 (1986).

/Sabo86b/
Saboo, A. K., Morari, M., Colberg, R. D., "RESHEX - An Interactive Software Package for the Synthesis and Analysis of Resilient Heat Exchanger Networks - II. Discussion of Area Targeting and Network Synthesis Algorithms", *Comp. & Chem. Eng.*, 10, pp. 591-599 (1986).

/Sama95a/
Sama, D. A., "The Use of the Second Law of Thermodynamics in Process Design", *J. Energy Resour. Technol.*, 117, pp. 179-185 (1995).

/Sama95b/
Sama, D. A., "Differences Between Second Law Analysis and Pinch Technology", *J. Energy Resour. Technol.*, 117, pp. 186-191 (1995).

/Sche94a/
Schembecker, G., Schüttenhelm, W., Simmrock, K. H., "Cooperating Knowledge Integrating Systems for the Synthesis of Energy-Integrated Distillation Processes", *Comp. & Chem. Eng.*, 18, pp. 131-135 (1994).

/Sche94b/
Schembecker, G., Simmrock, K. H., Wolff, A., "Synthesis of Chemical Process Flowsheet by Means of Cooperating Knowledge Integrating Systems", *Escpape4, 4th European Symposium on Computer Aided Process Engineering, Institution of Chemical Engineers, Symposium Series*, 133, pp. 333-341 (1994).

/Sche94c/
Schembecker, G., Dröge, T., Westhaus, U., Simmrock, K. H., "A Heuristic-Numeric Consulting System for the Choice of Chemical Reactors During Basis Process Design", *13th International Symposium on Chemical Reaction Engineering - Book of Abstracts* (1994).

/Sche95a/
Schembecker, G., Dröge T., Westhaus, U., Simmrock, K. H., "READPERT - Development, Selection and Design of Chemical Reactors", *Chem. Eng. Process.*, 34, pp. 317-322 (1995).

/Sche95b/
Schembecker, G., Dröge T., Westhaus, U., Simmrock, K. H., "A Heuristic-Numeric Consulting System for the Choice of Chemical Reactors", in: Lorenz T. Biegler, Michael F. Doherty: "Fourth International Conference on Foundations of Computer-Aided Process Design", *AIChE Symposium Series*, 3, 91, pp. 336-339 (1995).

/Sche96a/
Schembecker, G., Simmrock, K. H., „Alternativen schnell und zuverlässig", *Standort Spezial*, 20, pp.18-19 (1996).

/Sche96b/
Schembecker, G., Simmrock, K. H., "Heuristic-Numeric Process Synthesis with PROSYN", in James F. Davis, George Stephanopoulus, Venkat Venkatasubramanian: "Intelligent Systems in Process Engineering", *AIChE Symposium Series*, No. 312, 92, pp. 275-278 (1996).

/Sche96c/
Schembecker, G., Simmrock, K. H., „Computergestützte Prozeßsynthese - Aufgaben, Methoden, Werkzeuge", *Chem.-Ing.-Tech.*, 68, 9, pp. 1075-1076 (1996).

/Sche97/
Schembecker, G., Simmrock, K. H., "Heuristic-Numeric Design of Separation Processes for Azeotropic Mixtures", *Comp. & Chem. Eng.*, 21, pp. 231-236 (1997).

/Sche98a/
Schembecker, G., „Heuristisch-numerische Prozeßsynthese", *Habilitation in Vorbereitung*, Universität Dortmund (1998).

/Sche98b/
Schembecker, G., Simmrock, K. H., „Prozeß unter der Lupe", *Process*, 1/2, pp. 66-67 (1998).

/Sche98c/
Schembecker, G., "Conceptual Flowsheet Design with PROSYN", *Symposium 'Process Synthesis - Art and Application'*, Amsterdam (1998).

/Schm94/
Schmidt-Traub, H., „Anlagentechnik", *Vorlesungsmitschrift*, Universität Dortmund (1994).

/Scho85/
Schoenmakers, H., „Innerer Wärmeverbund von Destillationskolonnen - ein weiterer Schritt zur Energieeinsparung", *Chem.-Ing.-Tech.*, 57, 12, pp. 1110-1111 (1985).

/Schul96/
Schulz, E., „Perspektiven der rationellen Energieverwendung", *Diplomarbeit*, Fraunhofer Institut für Systemtechnik und Innovationsforschung, Karlsuhe (1996).

/Schü93/
Schüttenhelm, W. P., „Ein Beitrag zur Synthese energieintegrierter Rektifikations-schaltungen", *Dissertation*, Universität Dortmund (1993).

/Senk98/
Senkbeil, G., *Persönliche Mitteilung*, Hüls Infracor GmbH (1998).

/Siem94/
„IF/Prolog V5.0 User's Guide", *Benutzerhandbuch*, Siemens Nixdorf Informationssysteme AG (1994).

/Simm89a/
Simmrock, K. H., Fried, B., Fried, A., „EDV-gestützte wissensbasierte Prozeßsynthese", *GVC-Tagungsbuch „Entwicklung und Auslegung verfahrenstechnischer Prozesse - Grundlagen, Methoden, Werkzeuge"*, Baden-Baden, Juni (1989).

/Simm89b/
Simmrock, K. H., Fried, A., Funder, R., Schüttenhelm, W., "Cooperating Expert Systems in Process Synthesis, Computer Applications in the Chemical Industry", *DECHEMA-Monograph*, VCH, Weinheim, 116, pp. 135-144 (1989).

/Simm90/
Simmrock, K. H., Fried, B., Fried, A., „EDV-gestützte wissensbasierte Prozeßsynthese", *Chem.-Ing.-Tech.*, 62, 12, pp. 1018-1027 (1990).

/Simm91/
Simmrock, K. H., Fried, A., Welker, R., „Beratungssystem für die Trennung engsiedender und azeotroper Gemische", *Chem.-Ing.-Tech.*, 63, 6, pp. 593-604 (1991).

/Simm94/
Simmrock, K. H., „Chemische Prozeßtechnik", *Vorlesungsmitschrift*, Universität Dortmund (1994).

/Skel93/
Skelland, J., Petela, E., "Optimization of Total Site Energy and Utility Systems Using Pinch Analysis Concepts", *Kemia-Kemi*, 20, pp. 305-308 (1993).

/Smit90/
Smith, R., Jones, P. S., "The Optimal Design of Integrated Evaporation Systems", *Heat Recov. Sys. & CHP*, 10, 4, pp. 341-368 (1990).

/Snam75a/
Patentschrift DE 2521963; Patentinhaber: Snamprogetti S. p. A.; „Verfahren zur Herstellung von Methyl-tert.-butylether"; Anmeldetag: 16.05.1975 (1975).

/Snam75b/
Patentschrift DE 2521964; Patentinhaber: Snamprogetti S. p. A.; „Verfahren zur Herstellung von Methyl-tert.-butylether"; Anmeldetag: 21.05.1975 (1975).

/Snam92/
Europäische Patentanmeldung EP 0470655A1; Patentanmelder: Snamprogetti S. p. A.; "Process for Preparing Tertiary Alkyl Ethers and Apparatus for Reactive Distillation"; Anmeldetag: 12.02.1989 (1992).

/Stan77/
Patentschrift DE 2726267; Patentinhaber: The Standard Oil Co.; „Verfahren zur Herstellung von Methyl-tert.-alkylether in flüssiger Phase"; Anmeldetag: 10.06.1977 (1977).

/Supe97/
"SuperTarget User Guide", *Benutzerhandbuch*, Linnhoff March Limited (1997).

/Tebr98/
Tebroke, T., *Persönliche Mitteilung*, Condea Chemie GmbH (1998).

/Tjoe86/
Tjoe, T. N., Linnhoff, B., "Using Pinch Technology for Process Retrofit", *Chem. Eng.*, pp. 47-60 (1986).

/Town83a/
Townsend, D. W., Linnhoff, B., "Heat and Power Networks in Process Design, Part I: Criteria for Placement of Heat Engines and Heat Pumps in Process Networks", *AIChE Journal*, 29, 5, pp. 742-748 (1983).

/Town83b/
Townsend, D. W., Linnhoff, B., "Heat and Power Networks in Process Design, Part II: Design Procedure for Equipment Selection and Process Matching", *AIChE Journal*, 29, 5, pp. 748-771 (1983).

/Town84/
Townsend, D. W., Linnhoff, B., "Surface Area Targets for Heat Exchanger Networks", *IChemE Annual Research Meeting*, Bath, U. K., April (1984).

/Triv89/
Trivedi, K. K., O'Neill, B. K., Roach, J. R., Wood, R. M., "A new Dual-Temperature Design Method for the Synthesis of Heat Exchanger Networks", *Comp. & Chem. Eng.*, 13, 6, pp. 667-685 (1989).

/Trot98/
Trotha, F. T. von., „Ein Beitrag zur Auswahl von Stoffdatenberechnungsmethoden", *Dissertation in Vorbereitung*, Universität Dortmund (1998).

/Tsat96/
Tsatsaronis, G., "Exergoeconomics: Is It Only a New Name?", *Chem. Eng. Technol.*, 19, pp. 163-169 (1996).

/UCTN97/
"UCTNET - Analysis and Design of Heat Exchanger Networks", *Produktinformation*, Chempute Software (1997).

/Uhde98/
Uhde, G., Sundmacher, K., Hoffmann, U., „Aktivität und Selektivität makroporöser Ionenaustauscher-Katalysatoren für die Veretherung von Olefinen", *Chem.-Ing.-Tech.*, 70, 7, pp. 886-890 (1998).

/Ullm72/
Ullmanns Encyklopädie der technischen Chemie, VCH Verlagsgesellschaft, Weinheim, 17, pp. 57-60 (1972).

/Ullm85/
Ullmann's Encyclopedia of Industrial Chemistry, VCH Verlagsgesellschaft, Weinheim, A 10, pp. 543-550 (1985).

/Ulri84/
Ulrich, G. D., "A Guide to Chemical Engineering Process Design and Economics", Wiley, New York (1984).

/Umed78/
Umeda, T., Itoh, J., Shiroko, K., "Heat Exchange System Synthesis", *Chem. Eng. Prog.*, 7, pp. 70-76 (1978).

/Umed79/
Umeda, T., Niida, K., Shiroko, K., "A Thermodynamic Approach to Heat Integration in Distillation Systems", *AIChE Journal*, 25, 3, pp. 423-429 (1979).

/UOP93/
U.S. Patent-Nr.: 5196612; Patentanmelder: UOP; "Etherification of Isoamylenes by Catalytic Distillation"; Anmeldetag: 23.03.1993 (1993).

/VCI96/
"Self-Commitment for the Energy Sector", *Erklärung*, Verband der Chemischen Industrie e.V. (1996).

/VCI97/
„Beitrag der chemischen Industrie zur UN-Klimaschutz-Konferenz - Reduktion des spezifischen Energieverbrauchs und der CO_2-Emission 1990 bis 2005", *Erklärung*, Verband der Chemischen Industrie e.V. (1997).

/VSK97/
„Das Klimaprotokoll von Kyoto - Die wichtigsten Bestimmungen", *Protokoll*, Dritte Vertragsstaatenkonferenz der Klimarahmenkonvention, Kyoto (1997).

/Wein94/
Weinspach, P.-M., „Thermische Verfahrenstechnik", *Vorlesungsskriptum*, Universität Dortmund (1994).

/Welk91/
Welker, R., „Expertensystem zur Auswahl destillativer Sonderverfahren und Konfiguration zugehöriger Trennsequenzen", *Dissertation*, Universität Dortmund (1991).

/West85a/
Westerberg, A. W., "The Synthesis of Distillation-Based Separation Systems", *Comp. & Chem. Eng.*, 5, pp. 421-429 (1985).

/West85b/
Westerberg, A. W., Andrecovich, M. J., "Utility Bounds for Nonconstant QΔT for Heat-Integrated Distillation Sequence Synthesis", *AIChE Journal*, 31, 9, pp. 1475-1479 (1985).

/West95/
Westhaus, U., „Auswahl grundlegender Reaktortypen für kinetisch komplexe Reaktionssysteme", *Dissertation*, Universität Dortmund (1995).

/Wieb94/
Wiebus, E., Cornils, B., „Die großtechnische Oxosynthese mit immobilisiertem Katalysator", *Chem.-Ing.-Tech.*, 66, 7, pp. 916-923 (1994).

/Wolf94/
Wolff, A., „Heuristisch-numerisches Managersystem zur Synthese chemischer Verfahren", *Dissertation*, Universität Dortmund (1994).

/Wolf96a/
Wolff, A., *Experteninterview*, Hüls AG (1996).

/Wolf96b/
Wolff, A., Groebel, M. J., Janowsky, R., „Wärmetechnische Optimierung eines Chemiestandortes", *Chem.-Ing.-Tech.*, 68, pp. 651-659 (1996).

/Wolf98/
Wolff, A., Groebel, M. J., Janowsky, R., "SitEModelling^{TM}: A Powerful Tool for Total Site Energy Optimization", *Comp. & Chem. Eng.*, 22, pp. 1073-1084 (1998).

/Wrig75/
Wright, P., "Consumer Choice Strategies: Simplifying vs. Optimizing", *Journal of Marketing Research*, 12, pp. 60-67 (1975).

/Yee90a/
Yee, T., Grossmann, I. E., Kravanja, Z., "Simultaneous Optimization Models for Heat Integration - I. Area and Energy Targeting and Modelling of Multi-Stream Exchangers", *Comp. & Chem. Eng.*, 14, 10, pp. 1151-1164 (1990).

/Yee90b/
Yee, T., Grossmann, I. E., "Simultaneous Optimization Models for Heat Integration - II. Heat Exchanger Network Synthesis", *Comp. & Chem. Eng.*, 14, 10, pp. 1165-1184 (1990).

/Yee90c/
Yee, T., Grossmann, I. E., Kravanja, Z. "Simultaneous Optimization Models for Heat Integration - III. Process and Heat Exchanger Network Optimization", *Comp. & Chem. Eng.*, 14, 10, pp. 1185-1200 (1990).

/Zama97/
Zamora, J. M., Grossmann, I. E., "A Comprehensive Global Optimization Approach for the Synthesis of Heat Exchanger Networks with no Stream Splits", *Comp. & Chem. Eng.*, 21, pp. 65-70 (1997).

/Zhu95a/
Zhu, X. X., "Automated Synthesis of HENs Using Block Decomposition and Heuristic Rules", *Comp. & Chem. Eng.*, 19, 2, pp. 155-160 (1995).
/Zhu95b/

Zhu, X. X., O'Neill, B. K., Roach, J. R., Wood, R. M., "A New Method for Heat Exchanger Network Synthesis Using Area Targeting Procedures", *Comp. & Chem. Eng.*, 19, 2, pp. 197-222 (1995).

Anhang A - Beispielsitzung

An einem Beispielprozeß soll die Leistungsfähigkeit der im Rahmen dieser Arbeit entwickelten heuristisch-numerischen Energieintegration mit Hilfe von HEATPERT demonstriert werden.

Als Beispiel wurde die Synthese von MTBE (Methyl-tert-butyl-ether) gewählt (vergl. auch /Neme95a, Gott98/). Das konzeptionelle Verfahrensfließbild der betrachteten Prozeßvariante wurde im wesentlichen den von der Hüls AG veröffentlichten Angaben entnommen. Für die Betriebsparameter des Base Case (siehe Kapitel 4.3.4) wurden, soweit vorhanden, Literaturangaben gewählt. Dadurch wird eine Vergleichbarkeit des von HEATPERT optimierten Verfahrens mit dem Literaturprozeß ermöglicht.

An dieser Stelle soll nochmals erwähnt werden, daß es nicht die Aufgabe von HEATPERT ist, die konzeptionelle Prozeßstruktur zu optimieren (vergl. Kapitel 4.2). Dies wäre eine Aufgabenstellung für PROSYN® (vergl. Kapitel 5). HEATPERT soll lediglich die wärme-technische Prozeßstruktur auf der Grundlage der vorhandenen konzeptionellen Prozeß-struktur optimieren und das Wärmeaustauschernetzwerk generieren.

Bei den vorgestellten Abbildungen handelt es sich um Originalwiedergaben der Bildschirm-darstellungen (außer Abbildungen A.1 und A.2), wie sie von PROSYN®/HEATPERT geliefert wurden.

A.1 Aufgabenstellung - Synthese von MTBE

MTBE wird vor allem als Additiv für Kraftstoffe eingesetzt, um deren Klopffestigkeit zu erhöhen. Obwohl MTBE bereits 1904 erstmals dargestellt wurde und US-amerikanische Untersuchungen während des zweiten Weltkriegs die herausragende Klopffestigkeit MTBE-haltiger Kraftstoffe aufzeigten, gelangte MTBE bis zur ersten Ölpreiskrise 1973/74 zu keiner technischen Bedeutung /Rehf88/. Erst 1975 wurde die erste großtechnische Anlage mit 100.000 t/a in Italien in Betrieb genommen /Ullm85/.

Seit 1973 stieg die MTBE-Produktion stark an und lag 1984 mit ca. 5.000.000 t/a bereits an 44. Stelle der weltweit am meisten produzierten Chemikalien mit jährlichen Produktionssteigerungsraten von über 20% /Rehf88/. Im Jahr 1998 beträgt die Produktion schließlich 22.672.000 t/a /Rich98a/, ein wahrscheinliches Marktwachstum von 5% wird für 1999 vorausgesagt /Rich98b/. Dieser rasante Produktionsanstieg liegt daran, daß man die als Umwelt- und Katalysatorgift wirkende Klopfbremse Tetraethylblei durch MTBE ersetzt.

A.1.1 Chemisches Reaktionssystem

Technisch wird MTBE durch säurekatalysierte Anlagerung von Methanol an Isobuten hergestellt:

Methanol + Isobuten ==> MTBE

Hierzu dienen makroporöse Ionenaustauscher, die aus sulfoniertem vernetzten Polystyrol bestehen /Ullm72/. Bei Temperaturen von 50°C bis 100°C /Hüls78/ verläuft die mit 37 kJ/mol schwach exotherme Reaktion schnell und sehr selektiv /Alja88/, so daß Nebenreaktionen für die Zwecke der Energieintegration nicht berücksichtigt werden müssen. Eine detaillierte kinetische Beschreibung der Reaktion findet sich bei /Rehf88/, Wechselwirkungen der Reaktionsmikrokinetik mit Stofftransportvorgängen werden bei /Uhde98/ modelliert.

Bei dem als Beispiel gewählten Prozeß arbeitet man mit einem Festbettreaktor, aber es werden auch Wirbelschichtreaktoren und in jüngster Zeit Reaktivrektifikationen /IFDP89a, IFDP89b, Flat92, Snam92, UOP93, Hüls94, Hao95/ eingesetzt.

A.1.2 Rohstoffe und Produkte

Da die Reaktion sehr selektiv ist, werden C4-Raffinate aus dem Steamcracking-Verfahren direkt eingesetzt. Besonders geeignet ist nach /Ullm85/ die durch Extraktion von Butadien weitgehend befreite C4-Fraktion Raffinat I (vergl. Tabelle A.1).

Als zweiter Rohstoff dient Methanol. Er wird in technisch üblichen Reinheiten verwendet und weist in der Regel einen geringen Wassergehalt auf.

Im Produkt MTBE ist ein geringer Methanolanteil zulässig. Nur wenn es nicht als Kraftstoff-Additiv eingesetzt wird, sondern beispielsweise als Lösungsmittel Anwendung findet, werden höhere Reinheitsanforderungen gestellt.

Komponente	Gew%
Isobuten	44,0
1-Buten	24,5
1-Butan	12,0
t-2-Buten	9,0
c-2-Buten	6,0
Isobutan	4,0
1,3-Butadien	0,5

Tabelle A.1: Zusammensetzung von Raffinat I nach /Ullm85/

Als Koppelprodukt zu MTBE erhält man den weitgehend isobutenfreien C4-Schnitt Raffinat II, welcher für weitere Synthesen Anwendung findet. Da Isobuten und 1-Buten sehr engsiedend sind und daher rektifikativ nicht wirtschaftlich sinnvoll getrennt werden können, ist man bei der MTBE-Synthese zumeist bestrebt, sehr hohe Umsätze an Isobuten zu erzielen. Die MTBE-Synthese dient so quasi auch als „Trennprozeß" für das engsiedende Gemisch Isobuten/1-Buten.

A.1.3 Verfahrensvarianten

Mittlerweile existieren zahlreiche Verfahren zur Herstellung von MTBE. 1988 liefen 31% der weltweit 48 Produktionsanlagen mit einem Produktionsanteil von 23% unter Lizenzen der Hüls AG /Rehf88/; der Hüls-Prozeß /Hüls76, Hüls78, Oben78/ soll im Rahmen dieser Arbeit als Beispiel verwendet werden.

Bekannte Prozeßvarianten sind Verfahren der Firmen Arco Chemical Co. /Arco86/, BASF AG /BASF79/, EC Erdölchemie GmbH /Erdö81, Herw84/, Institut Francais du Petrole /IFDP80a, IFDP80b, IFDP87/, Nippon Oil Co. /Nipp78/, Oberrheinische Mineralölwerke GmbH /Kirch91/, Snamprogetti S. p. A. /Snam75a, Snam75b/ und The Standard Oil Co. /Stan77/, die hier der Vollständigkeit halber genannt werden sollen.

In jüngster Zeit werden anstelle oder hinter den konventionellen Reaktoren (zumeist Festbettreaktoren) Reaktivrektifikationen /IFDP89a, IFDP89b, Flat92, Snam92, UOP93, Hüls94, Hao95/ eingesetzt, um sehr hohe Umsätze an Isobuten erreichen zu können. Da in ihnen aber in der Regel nur ein verhältnismäßig kleiner Teil des Gesamtumsatzes im Vergleich zum vorgeschalteten konventionellen Reaktor realisiert wird, finden sie im Rahmen des in dieser Arbeit verwendeten Beispiel-Prozesses keine Verwendung /Hüls76, Hüls78/.

A.1.4 Konzeptionelles Verfahrensfließbild der gewählten Verfahrensvariante

Das konzeptionelle Fließbild, das in dieser Arbeit die Grundlage bildet (siehe Abbildung A.1), beruht im wesentlichen auf Literaturangaben /Hüls76, Hüls78/.

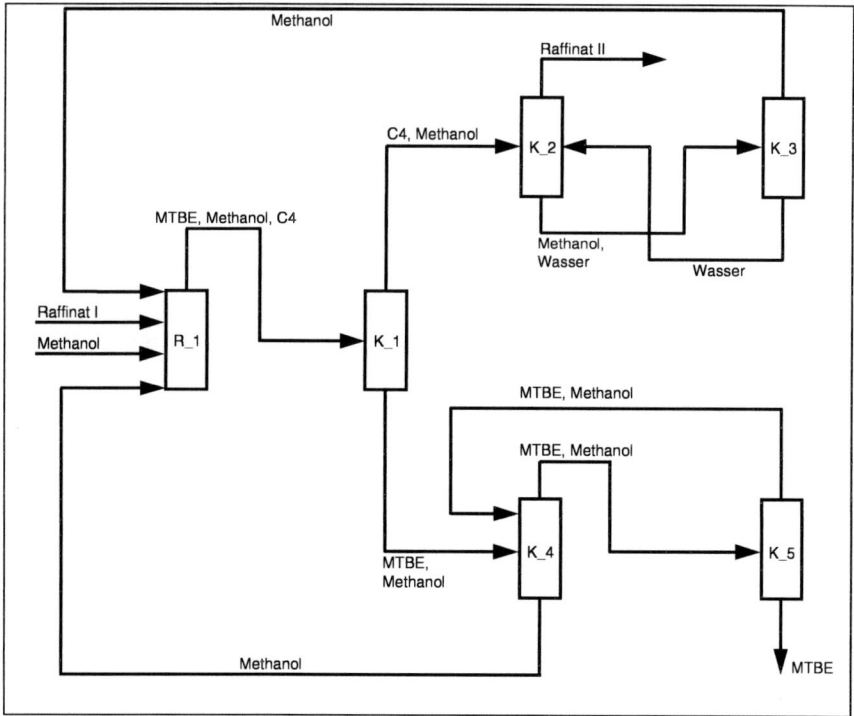

Abbildung A.1: Konzeptionelles Verfahrensfließbild der Synthese von MTBE (nach /Hüls76, Hüls78, Oben78/)

Raffinat I und auf Isobuten bezogenes überschüssiges Methanol werden in einen Festbettreaktor R_1 eingespeist und zu MTBE umgesetzt. Der Methanol-Umsatz beträgt 99,75%. Das Reaktionsgemisch wird der Kolonne K_1 zugeführt. Über Kopf werden die C4-Komponenten und C4/Methanol-Azeotrope abgezogen, über den Sumpf wird ein MTBE/Methanol-Azeotrop gewonnen.

In Kolonne K_2 wird Methanol aus dem Kopfprodukt der Kolonne K_1 durch eine Extraktivrektifikation mit dem Hilfsstoff Wasser abgetrennt. Man erhält hier das Raffinat II. Das Methanol/Wasser-Gemisch wird in Kolonne K_3 aufgearbeitet. Methanol wird wieder in den Reaktor R_1 zurückgeführt und Wasser wird in die Kolonne K_2 geleitet.

Die Auftrennung des Sumpfprodukts der Kolonne K_1 findet in einer Druckwechselrektifikation statt. In der Niedrigdruckkolonne K_4 wird ein MTBE/Methanol-Azeotrop (ca. 20 Gew% Methanol) über Kopf abgezogen und in die Druckkolonne K_5 geleitet. In dieser wird ein MTBE/Methanol-Azeotrop mit höherem Methanolanteil (ca. 35 Gew%) als Kopfprodukt gewonnen und in die Kolonne K_4 zurückgeführt. In den Sümpfen der Kolonnen gewinnt man Methanol (Kolonne K_4) und MTBE (Kolonne K_5).

A.1.5 Randbedingungen

Tabelle A.2 faßt die Betriebsmittel am geplanten Standort zusammen. Als Heizmittel steht neben den Heizdampfstufen (D70, D20 und D4) Warmwasser (WW) zur Verfügung. Energieexport ist nicht erlaubt. Als Kühlmittel existieren Kühlwasser (CW), Kaltwasser (ChW) und Kühlsole (Brine). Alle Grenzkosten werden mit 50% des Verrechnungspreises angesetzt.

Name	p [MPa]	T_{ein} [K]	T_{aus} [K]	ΔT_{min} [K]	c_p [kJ/kgK]	Δh_v [kJ/kg]	Preis [DM/t]	C' [Preis%]	Exp.	α [W/m^{2}K]
D70	7,0	559	559	10	-	1505	30	50	nein	4000
D20	2,0	485	485	10	-	1889	25	50	nein	4000
D4	0,4	416	416	10	-	2135	20	50	nein	4000
WW	0,1	353	333	14	4,2	-	0,4	50	nein	2000
CW	0,1	291	298	14	4,2	-	0,07	50	-	2000
ChW	0,1	283	290	5	4,2	-	0,5	50	-	2000
Brine	0,1	265	275	5	4,0	-	0,6	50	-	2000

Tabelle A.2: Verfügbare Betriebsmittel

Weiterhin sind die in Tabelle A.3 angeführten Werte als Randbedingungen gegeben.

Kenngröße	Wert
Umgebungstemperatur	288 K
Anlagenverfügbarkeit	90%
Maximal zulässige Kapitalrückflußzeit	10 Jahre
Kalkulationszins	7%
Zuschlagsfaktor nach Lang	4

Tabelle A.3: Default-Werte

Kostenrechnungen für Apparate werden mit dem Prozeßsimulator ASPEN Plus durchgeführt /ASPE94a, ASPE94b/ bzw. während der wärmetechnischen Prozeßsynthese sowie der wärmetechnischen Prozeßanalyse (vergl. Kapitel 4.4.3 und 4.4.4) mit der Methode nach /Corr82/.

A.2 Flexibilisierung des Ausgangszustands

Das konzeptionelle Fließbild wird, wie in Kapitel 4.3 beschrieben, flexibilisiert. Der Base Case (vergl. Kapitel 4.3.4) ist in Abbildung A.2 dargestellt. Alle Wärmeströme sind im Fließbild aufgeführt und in Tabelle A.4 aufgelistet. Da Frisch-Methanol und Raffinat I mit den gleichen Temperaturen und Drücken für die Reaktion bereitgestellt werden, werden diese Wärmeströme zusammengefaßt.

Die explizite Darstellung von Pumpen, Drosseln usw. ist für die Energieintegration ohne Bedeutung. Daher wird auf sie in Abbildung A.2 verzichtet, lediglich die wärmetechnisch relevanten Elemente sind dargestellt.

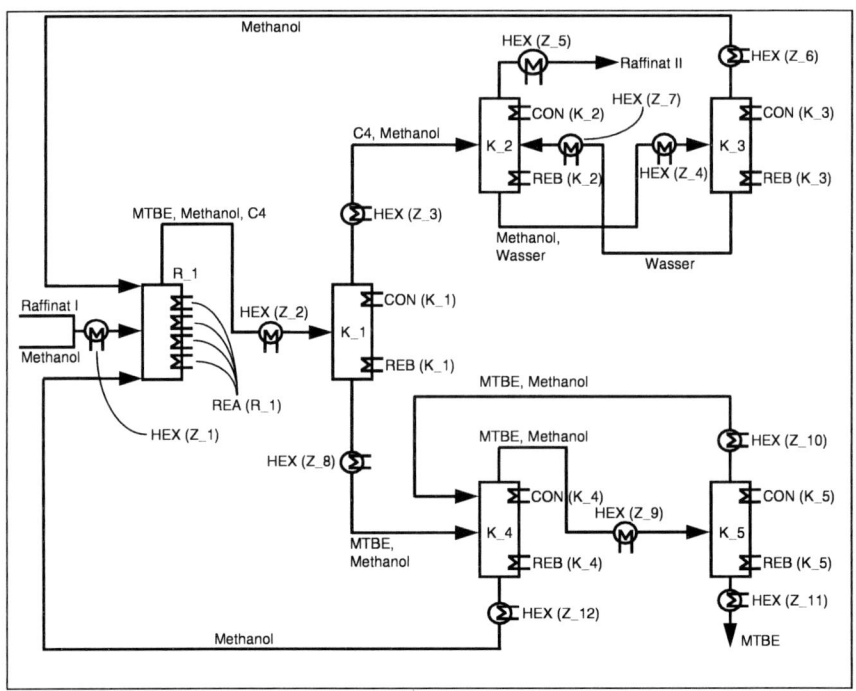

Abbildung A.2: Flexibilisiertes Verfahrensfließbild

Wärmestrom	Typ	Tein [K]	Taus [K]	CP [kW/K]	Q [kW]	p [MPa]	Zustand
CON (K_1)	heiß	332	331	3538	4034	0,7	Kondensation
CON (K_2)	heiß	320	319	2595	1895	0,5	Kondensation
CON (K_3)	heiß	391	391	115155	1152	0,6	Kondensation
CON (K_4)	heiß	344	344	126023	12602	0,2	Kondensation
CON (K_5)	heiß	436	435	4970	4772	2,0	Kondensation
HEX (Z_10)	heiß	430	345	20	1648	0,2	Flüssigstrom
HEX (Z_11)	heiß	461	313	14	1995	0,1	Flüssigstrom
HEX (Z_12)	heiß	356	343	13	173	1,0	Flüssigstrom
HEX (Z_3)	heiß	330	318	12	143	0,5	Flüssigstrom
HEX (Z_5)	heiß	319	313	11	59	0,5	Flüssigstrom
HEX (Z_6)	heiß	390	343	1	43	1,0	Flüssigstrom
HEX (Z_7)	heiß	432	424	3	23	0,5	Flüssigstrom
HEX (Z_8)	heiß	388	345	27	1137	0,2	Flüssigstrom

Wärmestrom	Typ	Tein [K]	Taus [K]	CP [kW/K]	Q [kW]	p [MPa]	Zustand
REA (R_1)	heiß	343	343	296020	2960	1,2	Reaktion
HEX (Z_1)	kalt	290	345	26	1459	2,0	Flüssigstrom
HEX (Z_2)	kalt	343	347	38	151	0,7	Flüssigstrom
HEX (Z_4)	kalt	406	411	4	18	0,6	Flüssigstrom
HEX (Z_9)	kalt	345	430	33	2816	2,0	Flüssigstrom
REB (K_1)	kalt	389	389	484957	4850	0,7	Verdampfung
REB (K_2)	kalt	404	404	188498	1885	0,5	Verdampfung
REB (K_3)	kalt	432	432	119211	1192	0,6	Verdampfung
REB (K_4)	kalt	356	356	1271180	12712	0,2	Verdampfung
REB (K_5)	kalt	461	461	521580	5216	2,0	Verdampfung

Tabelle A.4: Wärmeströme des Base Case

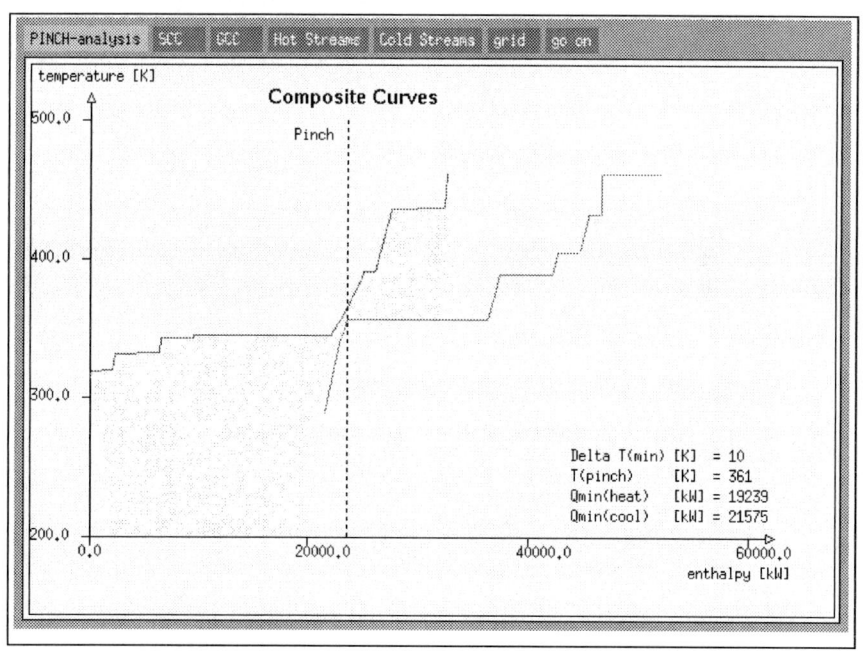

Abbildung A.3: Composite Curves und Targets des Base Case (für ΔT_{min} = 10°C)

A8

Mit den Wärmeströmen wird dann eine Pinch Analyse durchgeführt, um die Targets des Base Case zu ermitteln (siehe Abbildung A.3). Die minimale Heizleistung beträgt $Q_{h,min}$ = 19,2 MW und die minimale Kühlleistung $Q_{k,min}$ = 21,6 MW.

A.3 Optimierung der Targets

A.3.1 Ermittlung der Betriebsvariablengrenzen

Der erste Schritt bei der Target-Optimierung ist die Ermittlung der Betriebsvariablengrenzen für die wärmetechnischen Hauptelemente, d.h. den Reaktor R_1 und die Kolonnen K_1 bis K_5 (siehe Kapitel 4.4.2). Die jeweils limitierenden Werte sind in den Tabellen A.5 (a) und (b) aufgeführt, die obere und untere Betriebsgrenze (siehe Kapitel 4.4.2.1.5) ist in Abbildung A.4 für jedes wärmetechnische Hauptelement dargestellt.

Rektifikations-kolonne	Minimale Kopf-temperatur [K]	Maximale Kopf-temperatur [K]	Minimale Sumpf-temperatur [K]	Maximale Sumpf-temperatur [K]
K_1	280	388	261	457
K_2	280	381	293	495
K_3	280	461	305	523
K_4	280	453	277	461
K_5	280	488	258	488

Tabelle A.5 (a): Betriebsvariablengrenzen für die Rektifikationskolonnen K_1 bis K_5

Reaktor	Minimale Reaktions-temperatur [K]	Maximale Reaktions-temperatur [K]
R_1	323	373

Tabelle A.5 (b): Betriebsvariablengrenzen für den Reaktor R_1

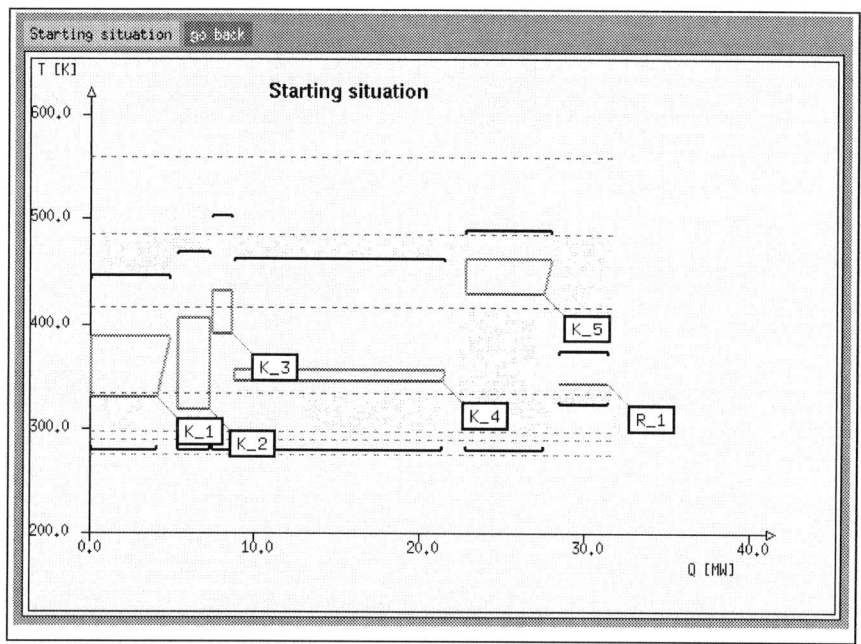

Abbildung A.4: Obere und untere Betriebsgrenzen für die wärmetechnischen Hauptelemente

A.3.2 Wärmetechnische Prozeßsynthese

In der wärmetechnischen Prozeßsynthese erfolgt die Wahl der Betriebsvariablen der Hauptelemente heuristisch so, daß möglichst maximales wärmetechnisches Potential generiert wird (vergl. Kapitel 4.4.3).

Die Abbildung A.5 (a) zeigt die durch Abarbeitung der in Kapitel 4 aufgeführten Heuristiken entstandene, bestbewertete Lösung: Als Ausgangsapparat für die wärmetechnische Sequenz (vergl. Kapitel 4.4.3.4) wird K_4 verwendet. Die Kolonne K_4 wird bei dieser Alternative an die untere Betriebsgrenze geschoben, aber nur so weit, daß sie nicht im Vakuum betrieben werden muß und ein Betrieb ihres Kondensators mit Kühlwasser möglich ist (vergl. Kapitel 4.4.3.4). Die Kolonnen K_1, K_2 und K_3 sowie der Reaktor R_1 werden so betrieben, daß ihre abzugebenden Wärmeströme den Verdampfer der K_4 betreiben können. Die Kolonne K_5 wird so „nach oben" geschoben, daß sie einerseits wahlweise

A10

K_1, K_2 und K_3 beheizen kann, andererseits ihr Verdampfer noch mit der mittleren Dampfschiene D20 gefahren werden kann (vergl. Kapitel 4.4.3.5).

Durch diese Einstellung der Betriebsvariablen werden die in Abbildung A.5 (b) dargestellten potentiellen Kopplungen (vergl. Kapitel 4.4.3.5) durchführbar. K_5 heizt K_1 und teilweise K_2; K_1, K_2, K_3 sowie R_1 heizen K_4. Externen Heizbedarf haben noch K_5 und teilweise K_2 (Mitteldruckdampf D20 wird benötigt) sowie K_3 und teilweise K_4 (Niederdruckdampf D4 ist ausreichend). Externer Kühlbedarf besteht nur bei K_4, diese Wärme wird an Kühlwasser abgegeben.

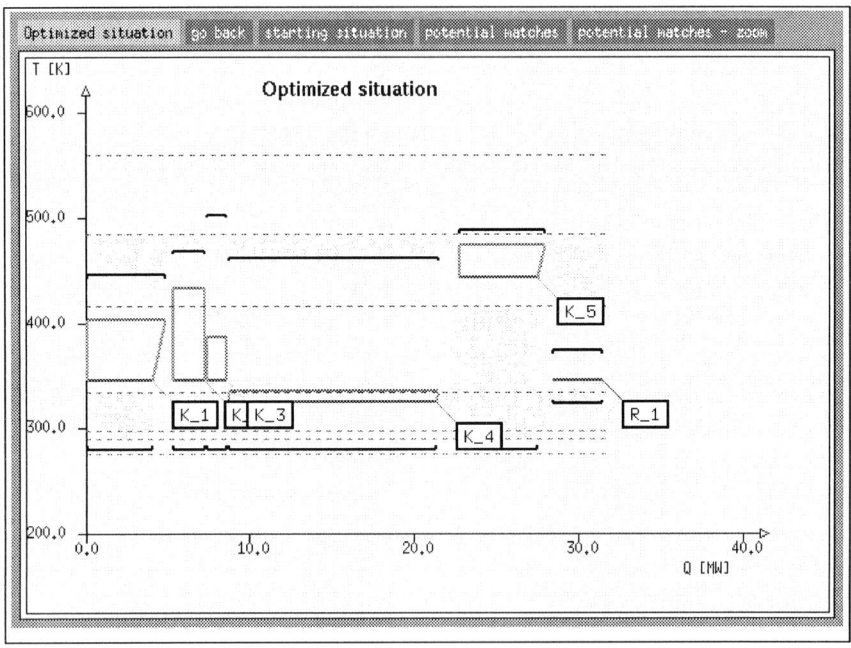

Abbildung A.5 (a): Bestbewertete Betriebsvariableneinstellung der wärmetechnischen Hauptelemente

A11

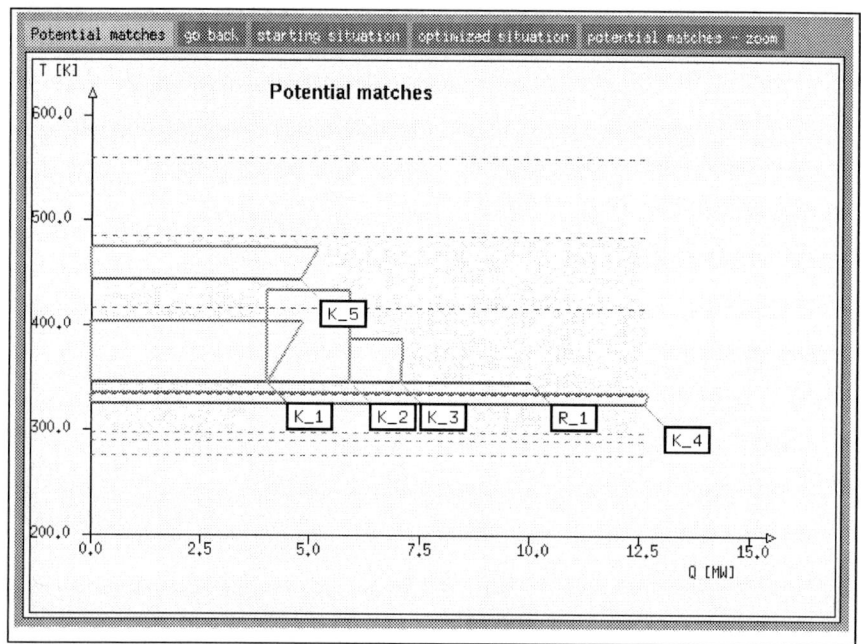

Abbildung A.5 (b): Potentielle Kopplungen der bestbewerteten Betriebsvariablenauswahl

A.3.3 Wärmetechnische Prozeßanalyse

Aufgabe der wärmetechnischen Prozeßanalyse ist vor allem, die wärmetechnischen Nebenelemente an die im Rahmen der wärmetechnischen Prozeßsynthese eingestellten wärmetechnischen Hauptelemente anzupassen (vergl. Kapitel 4.4.4.2). Dadurch liegen alle Wärmeströme unter Beachtung der in den Kapiteln 4.4.3 und 4.4.4 gesetzten Prämissen als Schätzwerte vor. Alle aus der wärmetechnischen Prozeßsynthese übernommenen Alternativen können so weitergehend analysiert (vergl. Kapitel 4.4.4.5) und wieder bewertet (vergl. Kapitel 4.4.4.4) werden.

Die Abbildung A.6 zeigt die zu den Abbildungen A.5 (a) und (b) korrespondierenden Composite Curves (vergl. Kapitel 3.2.1). Deutlich ist zu erkennen, wie durch die Schritte der wärmetechnischen Prozeßsynthese und -analyse die Targets optimiert wurden. Die Composite Curves verlaufen im Vergleich zum Base Case (siehe Abbildung A.3) wesentlich enger. Der minimal zulässige Heizbedarf hat sich von $Q_{h,min} = 19,2$ MW auf $Q_{h,min} = 11,8$ MW verringert, der minimale Kühlbedarf von $Q_{k,min} = 21,6$ MW auf $Q_{k,min} = 12,3$ MW.

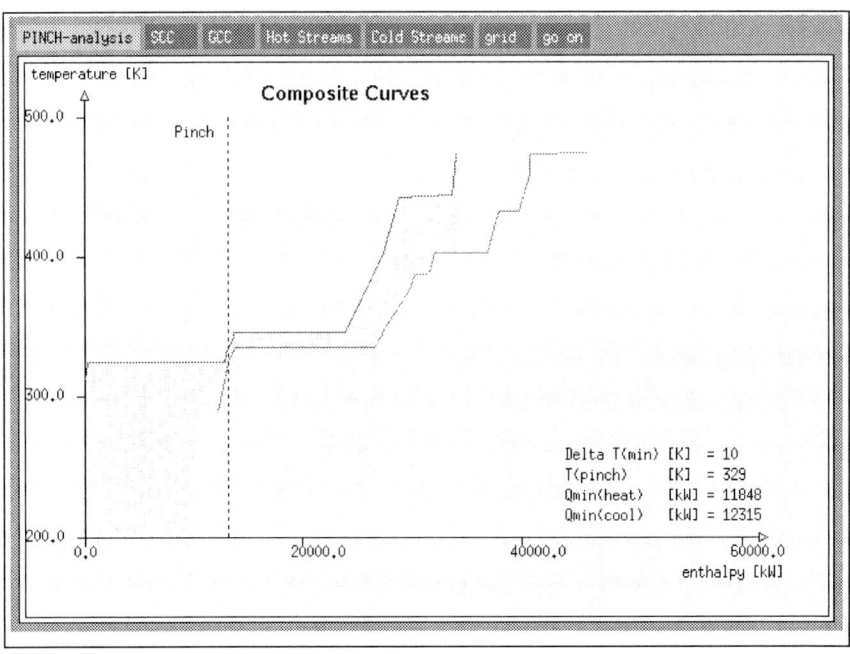

Abbildung A.6: Composite Curves und Targets der bestbewerteten Alternative (für $\Delta T_{min} = 10°C$)

A.3.4 Wärmetechnische Prozeßselektion

Während der wärmetechnischen Prozeßsynthese sowie -analyse wurden bestimmte Prämissen gesetzt (vergl. Kapitel 4.4.3 und 4.4.4). Dadurch wurde es möglich, alle Wärmeströme abzuschätzen. Im Rahmen der wärmetechnischen Prozeßselektion müssen diese Prämissen aufgehoben, die noch zur Auswahl stehenden Alternativen simuliert, die Wärmeströme exakt berechnet und der Prozeß auf seine Realisierbarkeit hin geprüft werden (vergl. Kapitel 4.4.5).

Die Tabellen A.6 (a) und (b) stellen die Betriebsdaten für die wärmetechnischen Hauptelemente des neu simulierten, optimierten Prozesses denen des Base Case gegenüber. In Abbildung A.7 sind die neu simulierten wärmetechnischen Hauptelemente bei ihren Betriebszuständen dargestellt. Man erkennt, daß sich die Wärmeströme im Vergleich zu den geschätzten Werten (siehe Abbildung A.5 (a)) geändert haben.

Die Simulation hat zu einer Abweichung von den aus der wärmetechnischen Prozeßsynthese und -analyse resultierenden Schätzwerten geführt: Eine an die Simulation gekoppelte Kostenschätzung für die Kolonne K_5 mit ASPEN Plus /ASPE94a, ASPE94b/ hat gezeigt, daß K_5 nicht bei so hohem Druck betrieben werden sollte, daß eine Kopplung mit K_2 möglich wird (vergl. Kapitel A.3.2). Vielmehr wird für K_5 ein geringerer Druck eingestellt. Hierdurch sind deutlich geringere Investitionen für diese Kolonne erforderlich, Kopplungen mit K_1, K_3 und K_4 sind aber weiterhin durchführbar.

Die Composite Curves für die Wärmeströme ergeben, daß sich die Targets des simulierten Prozesses im Vergleich zu den geschätzten Targets (vergl. Kapitel A.3.3) weiter verbessert haben (siehe Abbildung A.8 und Tabelle A.7).

Kolonne	Betriebs- druck [MPa]	Kopftempe- ratur [K]	Sumpftempe- ratur [K]	Kondensator- leistung [kW]	Verdampfer- leistung [kW]
K_1	1,2 (0,7)	354 (331)	411 (389)	2893 (4034)	3453 (4850)
K_2	1,1 (0,5)	351 (319)	431 (404)	2109 (1895)	2181 (1885)
K_3	0,2 (0,6)	350 (391)	386 (432)	1219 (1152)	1271 (1192)
K_4	0,1 (0,2)	324 (344)	338 (356)	10146 (12602)	10260 (12712)
K_5	1,7 (2,0)	427 (435)	451 (461)	5908 (4772)	5689 (5216)

Tabelle A.6 (a): Gegenüberstellung der Betriebsvariablen für den optimierten Prozeß und den Base Case (in Klammern) - Rektifikationskolonnen

Reaktor	Betriebsdruck [MPa]	Reaktionstemperatur [K]	Wärmeabgabe [kW]
R_1	1,5 (1,2)	350 (343)	2973 (2960)

Tabelle A:6 (b): Gegenüberstellung der Betriebsvariablen für den optimierten Prozeß und den Base Case (in Klammern) - Reaktor

Da die Überprüfung des Prozesses mit der Simulation zeigt, daß das Verfahren bei den neuen, „gewünschten" Betriebsbedingungen weiterhin realisierbar ist und die in Kapitel A.3.2

vorgeschlagenen Kopplungen weiterhin möglich sind (bis auf Kopplung K_5 / K_2, siehe oben), wird diese wärmetechnische Prozeßstruktur endgültig fixiert und für die Target-Realisierung selektiert.

Targets (für ΔT_{min} = 10°C)	Base Case	Optimierter Prozeß (Schätzwerte)	Optimierter Prozeß (Simulierte Werte)
Minimaler Heizbedarf $Q_{h,min}$ [MW]	19,2	11,8	8,4
$Q_{h,min}$ bezogen auf Base Case [%]	100	61	43
Minimaler Kühlbedarf $Q_{k,min}$ [MW]	21,6	12,3	10,7
$Q_{k,min}$ bezogen auf Base Case [%]	100	57	50

Tabelle A.7: Minimale Heiz- und Kühlbedarfe des Base Case und des optimierten Prozesses (Schätzwerte aus der wärmetechnischen Prozeßsynthese und -analyse sowie simulierte Werte)

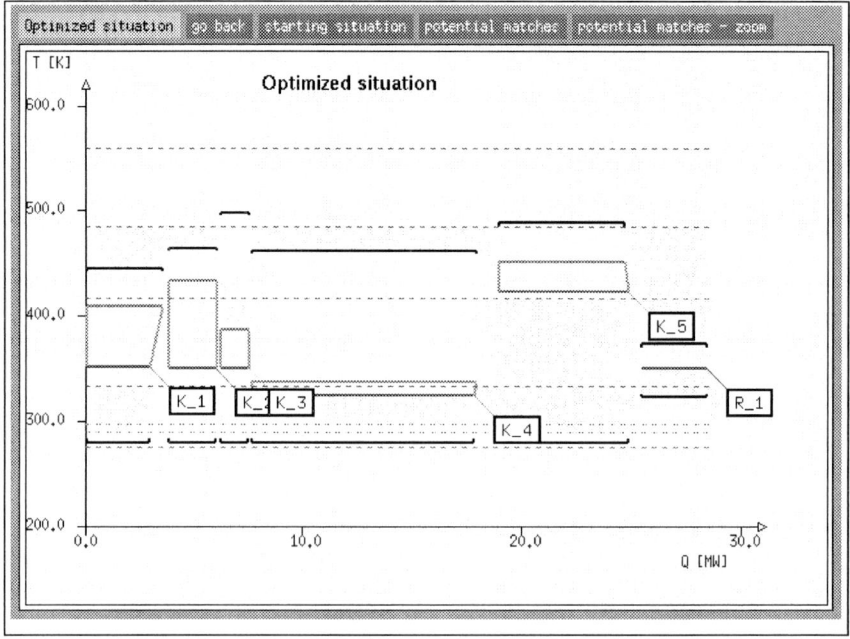

Abbildung A.7: Betriebsvariableneinstellung der wärmetechnischen Hauptelemente für den optimierten Prozeß (simulierte Werte)

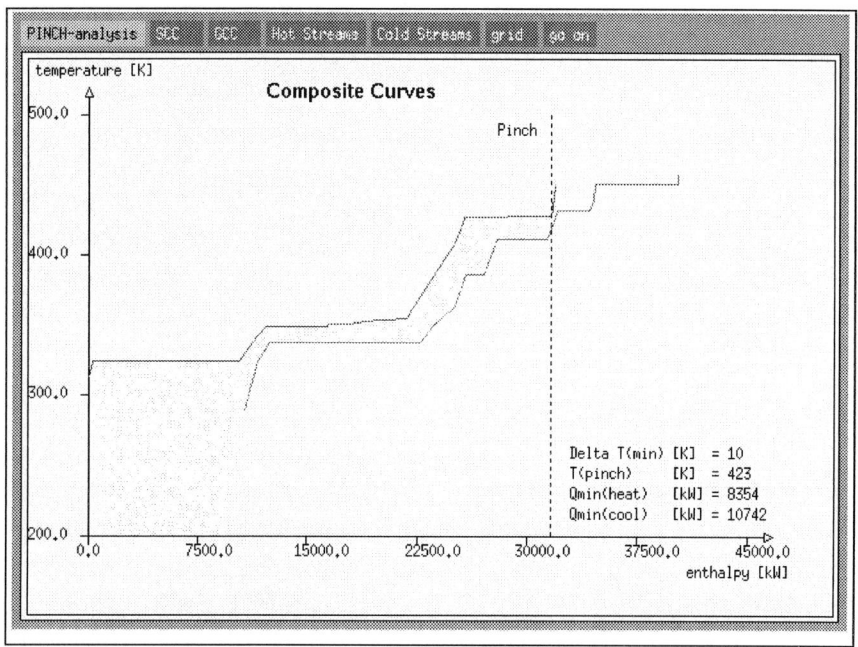

Abbildung A.8: Composite Curves und Targets der bestbewerteten Alternative (simulierte Werte, für ΔT_{min} = 10°C)

A.4 Realisierung der Targets

A.4.1 Datenextraktion

Nach der Optimierung der Targets und der Fixierung der wärmetechnischen Prozeßstruktur (vergl. Kapitel A.3) muß das Wärmeaustauschernetzwerk entwickelt werden. Zunächst erfolgt die Datenextraktion (vergl. Kapitel 4.5.1), d.h. alle relevanten Parameter der Wärmeströme werden der Simulation entnommen, die Angaben zu den Wärmeübergangskoeffizienten entsprechend Tabelle 4.1 ergänzt und die erforderlichen Werkstoffe eingegeben (vergl. Kapitel 4.5.1.1). Das Ergebnis der Datenextraktion ist in Tabelle A.8 dargestellt. Im Vergleich zum Base Case (vergl. Tabelle A.4) ändert sich bei drei Wärmeströmen der Typ: Der im Base Case kalte Wärmestrom HEX (Z_4) stellt jetzt einen heißen Wärmestrom dar, die vormals heißen Wärmeströme HEX (Z_12) und HEX (Z_7) sind zu kalten Strömen geworden. HEATPERT paßt diese Wärmeströme an. Weiter fällt auf, daß

A16

der Wärmestrom HEX (Z_6) mit Q = 8 kW extrem klein ist. Im Rahmen der evolutionären Überarbeitung (vergl. Kapitel 4.6 und A.5) sollte später geprüft werden, ob bzw. daß auf den zu diesem Wärmestrom gehörenden Wärmeaustauscher verzichtet werden sollte (vergl. Kapitel 4.6.1.1).

Wärme-strom	Typ	Tein [K]	Taus [K]	CP [kW/K]	Q [kW]	p [MPa]	α [W/m²K]	Werk-stoff
CON (K_1)	heiß	355	354	1879	2893	1,20	1000	C-Stahl
CON (K_2)	heiß	352	351	1866	2109	1,10	1000	C-Stahl
CON (K_3)	heiß	350	350	121869	1219	0,16	1000	C-Stahl
CON (K_4)	heiß	325	324	20706	10146	0,10	1000	C-Stahl
CON (K_5)	heiß	428	427	11146	5908	1,70	1000	C-Stahl
HEX (Z_10)	heiß	423	326	19	1834	0,10	1000	C-Stahl
HEX (Z_11)	heiß	451	313	13	1830	0,10	1000	C-Stahl
HEX (Z_3)	heiß	352	343	13	117	1,10	1000	C-Stahl
HEX (Z_4)	heiß	433	362	4	294	0,16	1000	C-Stahl
HEX (Z_5)	heiß	350	313	11	416	0,50	1000	C-Stahl
HEX (Z_6)	heiß	350	343	1	8	1,50	1000	C-Stahl
HEX (Z_8)	heiß	408	326	27	2197	0,10	1000	C-Stahl
REA (R_1)	heiß	350	350	297260	2973	1,50	1000	C-Stahl
HEX (Z_1)	kalt	290	355	27	1753	1,50	1000	C-Stahl
HEX (Z_12)	kalt	338	343	13	69	1,50	1000	C-Stahl
HEX (Z_2)	kalt	350	364	65	934	1,20	1000	C-Stahl
HEX (Z_7)	kalt	386	457	3	198	1,10	1000	C-Stahl
HEX (Z_9)	kalt	325	439	33	3748	1,70	1000	C-Stahl
REB (K_1)	kalt	411	411	345275	3453	1,20	1000	C-Stahl
REB (K_2)	kalt	431	431	218114	2181	1,10	1000	C-Stahl
REB (K_3)	kalt	386	386	127096	1271	0,16	1000	C-Stahl
REB (K_4)	kalt	338	338	1025970	10260	0,10	1000	C-Stahl
REB (K_5)	kalt	451	451	568859	5689	1,70	1000	C-Stahl

Tabelle A.8: Wärmeströme des optimierten Prozesses

A.4.2 Kopplungsverbote

Die Anwendung der Verbotsregeln ergibt, daß keine Kopplungen ausgeschlossen werden müssen (siehe Kapitel 4.5.2 und 4.4.3.1).

A.4.3 Vorgabekopplungen

Entsprechend der Empfehlungen in Kapitel 4.5.3 werden die in Kapitel A.3.2 geschaffenen Kopplungsmöglichkeiten nicht vorab realisiert.

A.4.4 Optimale minimale Temperaturdifferenz $\Delta T_{min,opt}$

Vor der Generierung des Wärmeaustauschernetzwerks wird mit der Short-Cut-Methode (vergl. Kapitel 4.5.4.2) die am Pinch einzuhaltende optimale minimale Temperaturdifferenz $\Delta T_{min,opt}$ geschätzt.

Die Abbildung A.9 zeigt den Verlauf der relativen Gesamtkosten (TC) als Summe der relativen Investitionskosten (IC) und der relativen Energiekosten (EC) in Abhängigkeit von ΔT_{min} (vergl. Kapitel 4.5.4.2.1 - 4.5.4.2.3). Bei sehr kleinen Werten von ΔT_{min} sind die relativen Gesamtkosten hoch, da am Pinch sehr große Wärmeaustauschflächen benötigt werden. Bei sehr großen Werten von ΔT_{min} dominieren die Energiekosten und führen zu entsprechend hohen relativen Gesamtkosten, weil ab ca. 10°C die potentiellen Kopplungen (vergl. Kapitel A.3.2) nicht mehr durchführbar sind. Bei kleinen bis mittleren minimalen Temperaturdifferenzen (ΔT_{min} = 1°C - 12°C) verlaufen die relativen Gesamtkosten näherungsweise konstant und erreichen ihr absolutes Minimum bei $\Delta T_{min,opt}$ = 3,5°C.

Gemäß der Empfehlung in Kapitel 4.5.4.2.3 wird die minimale Temperaturdifferenz $\Delta T_{min,opt}$ von $\Delta T_{min,opt}$ = 3,5°C auf $\Delta T_{min,opt}$ = 10°C angehoben: Die geschätzten relativen Gesamtkosten sind bei diesem Wert nur marginal höher, es wird aber eine deutlich bessere Betriebssicherheit (bzgl. Temperaturschwankungen, Fouling usw.) erreicht.

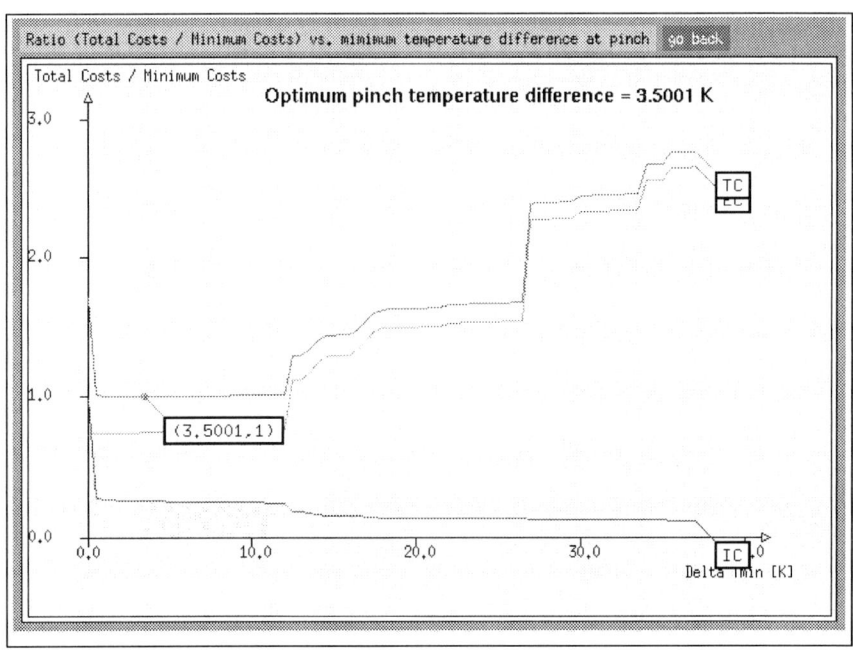

Abbildung A.9: Schätzung der optimalen minimalen Temperaturdifferenz $\Delta T_{min,opt}$

A.4.5 Entwicklung und Bewertung der Wärmeaustauschernetzwerke

Die Generierung der Wärmeaustauschernetzwerke erfolgt nach der in Kapitel 4.5.5 beschriebenen Vorgehensweise; die kostentheoretische Bewertung wurde in Kapitel 4.5.6 beschrieben.

Die Tabelle A.9 zeigt einen Ausschnitt aus der erzeugten und bewerteten Alternativenmenge. In der ersten Spalte befindet sich die laufende Numerierung der Bearbeitung. In der zweiten Spalte sind die Alternativen der wärmetechnischen Prozeßstrukturen aufgelistet; die im Rahmen der Target-Optimierung (vergl. Kapitel A.3) gewählte Alternative der wärmetechnischen Prozeßstruktur ist die Alternative Nr. 28, der Base Case hat die Nummer Nr. 0 (zweite Spalte). In Kapitel 4.5.5 wurde erläutert, daß zunächst das Wärmeaustauschernetzwerk am Pinch entwickelt wird, anschließend sukzessive die Kopplungen der verbleibenden Ströme durchgeführt werden. Dabei bewertet HEATPERT seine einzelnen Kopplungsvorschläge, entsprechend sind die Wärmeaustauschernetzwerk-Alternativen codiert (dritte Spalte): Die Nr. 3.1.1.1.1.2 würde beispielsweise bedeuten, daß von der dritten Pinch-Lösung („3.") ausgehend (vergl. Kapitel 4.5.5.1) fünf weitere Kopplungen („1.1.1.1.2") durchgeführt wurden (vergl. Kapitel 4.5.5.2). Die ersten vier der weiteren Kopplungen entsprechen jeweils den bestbewerteten Einzelvorschlägen („1.1.1.1."), als fünfte Kopplung („2") wurde die zweitbeste Empfehlung realisiert. Falls trotz dieser Kopplungen einige Ströme noch Heiz- oder Kühlbedarf haben, werden diese durch Betriebsmitteleinsatz auf ihre Zieltemperaturen gebracht (vergl. Kapitel 4.5.5.2 und 4.5.5.3). Die Netzwerk-Alternative 0 symbolisiert den lediglich mit Betriebsmitteln betriebenen Prozeß, es ist also keine einzige Wärmeintegrationsmaßnahme durchgeführt worden. Die so entwickelten gesamten Wärmeaustauschernetzwerke werden dann kostentheoretisch bewertet. Die absoluten und relativen, d.h. auf die beste Alternative bezogenen, relevanten Kosten sind in der vierten und fünften Spalte der Tabelle A.9 aufgeführt (vergl. Kapitel 4.5.6). Weiterhin befindet sich in der Tabelle A.9 das Verhältnis des tatsächlich realisierten Energiebedarfs zum thermodynamisch minimalen Energiebedarf, Q/Q_{min}, für jedes Wärmeaustauschernetzwerk (sechste Spalte).

In Tabelle A.9 ist auch der Effekt der Target-Optimierung deutlich zu erkennen: Die Kosten des besten Wärmeaustauschernetzwerks der besten Prozeßstruktur, Nr. 28-1.1.1.1.1.2.1.1.1, liegen mit K = 3,8 Mio. DM/a insgesamt 1,4 Mio. DM/a unter denen des besten Wärmeaustauschernetzwerks des Base Case (Nr. 0-1.1.1.1.1.1.1.1.1.1 mit 5,2 Mio. DM/a).

Die Kosten des nicht-integrierten Prozesses mit optimierter Prozeßstruktur bzw. des nicht-integrierten Base Case, liegen mit 7,0 Mio. DM/a (Nr. 28-0) bzw. 6,8 Mio. DM/a (Nr. 0-0) insgesamt 3,2 Mio. DM/a bzw. 1,6 Mio. DM/a über denen der wärmeintegrierten Prozesse Nr. 28-1.1.1.1.1.2.1.1.1 bzw. Nr. 0-1.1.1.1.1.1.1.1.1.1. Durch die Target-Optimierung erhöht sich also das Einsparpotential bei der Target-Realisierung.

Es fällt auf, daß der tatsächlich realisierte externe Energiebedarf bei dem energieintegrierten Base Case (Nr. 0-1.1.1.1.1.1.1.1.1.1) nur 6% über dem thermodynamischen Minimum liegt, beim energieintegrierten optimierten Prozeß (Nr. 28-1.1.1.1.1.2.1.1.1) aber 30% darüber (vergl. Kapitel 3.2.1). Dies ist auf die durch die Target-Optimierung bedingten, eng aneinanderliegenden Composite Curves zurückzuführen. Um ein noch besseres Verhältnis Q/Q_{min} zu erreichen, müßten weitere, ökonomisch nicht vorteilhafte Kopplungen (vergl. Kapitel 4.5.5.1.2.3) durchgeführt werden. Darüber hinaus müßten weitere Stromteilungen auch im Nicht-Pinch-Bereich durchgeführt werden und auch solche Kopplungen realisiert werden, die nicht den Wärmebedarf mindestens eines Wärmestroms vollständig decken.

Dies würde aber den in Kapitel 4.5.5.1.2.2 angeführten Heuristiken widersprechen. Man kann festhalten, daß eine weitere energetische Optimierung dem übergeordneten Ziel der Gesamtkostenminimierung entgegenlaufen würde.

Nr.	Prozeß-struktur, Alternative	Wärmeaustauschernetzwerk, Alternative	Relative Kosten [%]	Absolute Kosten [DM/a]	Q/Q$_{min}$ [%]
1	28	1.1.1.1.1.2.1.1.1	100	3.849.000	130
2	28	1.1.1.2.1.1.2.1.1.1	100	3.850.000	130
3	28	1.1.1.1.1.1.1.1.1.1	100	3.850.000	130
4	28	1.1.1.2.1.1.1.1.1.1.1	100	3.850.000	130
5	28	1.2.1.1.1.1.1.1.1.1	101	3.873.000	130
6	28	1.2.1.2.1.1.1.1.1.1.1	101	3.873.000	130
7	28	1.1.2.1.1.2.1.1.1	101	3.897.000	130
8	28	1.1.2.1.1.1.1.1.1.1	101	3.898.000	130
9	28	1.1.2.2.1.1.2.1.1.1	101	3.898.000	130
10	28	1.1.2.2.1.1.1.1.1.1.1	101	3.899.000	130
...	...	...	...	...	...
241	0	1.1.1.1.1.1.1.1.1.1	135	5.185.000	106
...	...	...	...	...	...
361	0	0	178	6.844.000	157
...	...	...	...	...	...
371	28	0	181	6.952.000	354

Tabelle A.9: Auszug aus der Gesamtmenge der entwickelten und bewerteten Alternativen

Die ökonomisch optimale Alternative, Nr. 28-1.1.1.1.1.2.1.1.1, ist als Balanced Grid Diagram in Abbildung A.10 zu sehen (vergl. Kapitel 3.2.7). Alle Wärmeströme und Betriebsmittel sind als horizontale Linien dargestellt, die Verknüpfung zweier Ströme symbolisiert jeweils einen Wärmeaustauscher. Am Pinch ist das System geteilt, die Ströme unterhalb des Pinches befinden sich in der linken Hälfte, die Ströme oberhalb des Pinches in der rechten Hälfte (vergl. Kapitel 4.5.5.1). Lediglich die Wärmeströme, die vollständig den Pinch überqueren, d.h. HEX (Z_11), HEX (Z_4), HEX (Z_7) und HEX (Z_9), sowie die Betriebsmittel sind als durchgängige Linien gezeichnet. Es ist zu sehen, daß HEATPERT den Strom HEX (Z_11) oberhalb des Pinches und den Strom HEX (Z_9) sowohl oberhalb als auch unterhalb des Pinches in je zwei Teilströme geteilt hat.

HEATPERT erzeugt die Balanced Grid Diagrams automatisch. Per Maus-Klick können wahlweise die Kopplungsdaten oder die Wärmestromdaten angezeigt werden. Exemplarisch wurde in Abbildung A.10 die Kopplung des Kondensators K_3, CON (K_3), mit dem Verdampfer der Kolonne K_4, REB (K_4), angeklickt. Die Verknüpfung ist in der Graphik fett hervorgehoben, und die Kopplungsdaten werden unterhalb der Grafik angezeigt.

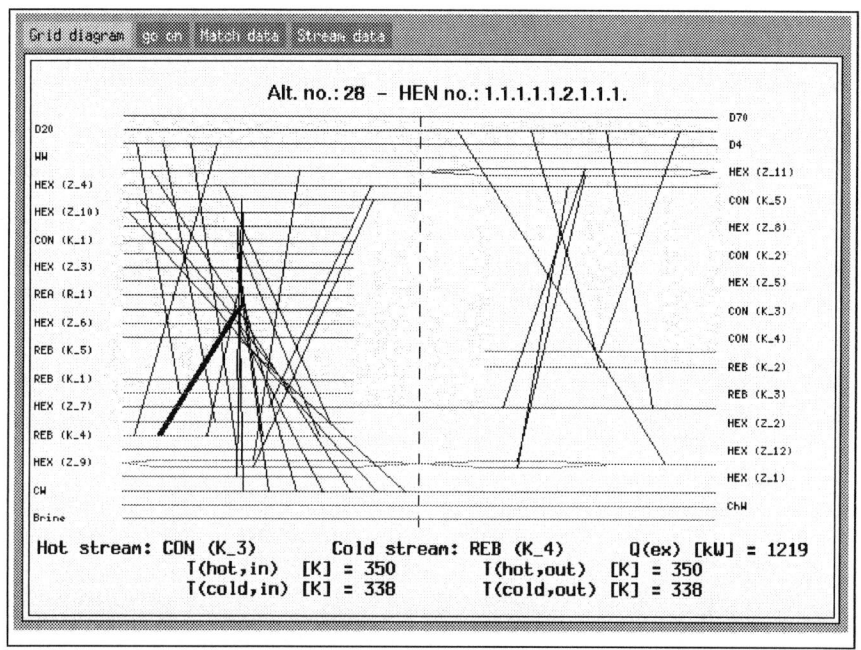

Abbildung A.10: Balanced Grid Diagram des bestbewerteten Wärmeaustauschernetzwerks

A.4.6 Das optimale Wärmeaustauschernetzwerk - Ergebnisübersicht

Im folgenden sind die für das optimale Wärmeaustauschernetzwerk (Alternative Nr. 28-1.1.1.1.1.2.1.1.1) relevanten, von HEATPERT ermittelten Daten aufgelistet.

Die Tabelle A.10 gibt eine Übersicht über die relevanten Kosten (vergl. Kapitel 4.5.6 und A.4.5). Obwohl der Prozeß hochgradig energieintegriert ist, fallen für die Betriebsmittel 60% der relevanten Kosten an.

Kostenart	[DM/a]	[%]
Kolonnen und Reaktor	1.048.000	27
Wärmeaustauscher	492.000	13
Betriebsmittel	2.309.000	60
Summe	**3.849.000**	**100**

Tabelle A.10: Übersicht über die relevanten Kosten

Die ökonomischen Ergebnisse der eigentlichen Energieintegration, d.h. der Durchführung von konkreten Kopplungen, sind in Tabelle A.11 dargestellt. Nach Kapitel 4.5.5.1.2.3 wurden nur solche Kopplungen realisiert, die selbst dann noch ökonomisch sinnvoll sind, wenn sowohl für die heißen als auch für die kalten Wärmeströme Reservewärmeaustauscher für instationäre Vorgänge benötigt werden. Selbst wenn man die Investitionen für diese Reserveapparate einbeziehen würde (was in Tabelle A.10 nicht erfolgt ist), wird durch die Energieintegration ein ökonomischer Vorteil in Höhe von 20,6 Mio. DM gegenüber dem nicht-integrierten Prozeß erzielt.

Kenngröße	Wert
Investitionen [DM]	3.506.000
Betriebsmitteleinsparungen [DM/a]	3.433.000
Kapitalwert [DM]	20.605.000

Tabelle A.11: Ökonomische Zusammenfassung der Energieintegration

In Tabelle A.12 findet sich eine ökonomische Übersicht über alle Wärmeaustauscher, d.h. sowohl über diejenigen der prozeßinternen Kopplungen als auch über die Betriebsmittel-wärmeaustauscher. Geteilte Ströme (vergl. Kapitel A.4.5) sind mit dem Anhang „.1" bzw. „.2" kenntlichgemacht. Tabelle A.13 liefert eine Übersicht über die wärmetechnischen Daten der Kopplungen.

Heißer Strom	Kalter Strom	Investment [DM]	Utility-Costs [DM/a]	Utility-Savings [DM/a]	Kapitalwert [DM]
CON (K_3)	REB (K_4)	264.000	0	200.000	1.138.000
REA (R_1)	REB (K_4)	618.000	0	487.000	2.801.000
CON (K_2)	REB (K_4)	387.000	0	345.000	2.038.000
CON (K_1)	REB (K_4)	433.000	0	474.000	2.895.000
HEX (Z_4)	HEX (Z_2)	78.000	0	30.000	133.000
HEX (Z_10)	HEX (Z_1)	105.000	0	287.000	1.912.000
CON (K_5)	REB (K_3)	84.000	0	106.000	657.000
CON (K_5)	REB (K_1)	723.000	0	751.000	4.555.000
HEX (Z_11).1	HEX (Z_7)	36.000	0	14.000	60.000
HEX (Z_11).2	HEX (Z_9).1	97.000	0	52.000	268.000
HEX (Z_4)	HEX (Z_9).2	28.000	0	5.000	6.000
HEX (Z_11)	HEX (Z_9).1	432.000	0	270.000	1.462.000
CON (K_5)	HEX (Z_9).2	186.000	0	394.000	2.582.000
HEX (Z_4)	HEX (Z_7)	35.000	0	19.000	99.000
HEX (Z_8)	CW	82.000	73.000	0	-
HEX (Z_3)	CW	20.000	4.000	0	-
HEX (Z_5)	CW	42.000	14.000	0	-
HEX (Z_6)	CW	13.000	270	0	-
HEX (Z_11)	CW	52.000	10.000	0	-
HEX (Z_10)	CW	20.000	3.000	0	-
CON (K_4)	CW	597.000	337.000	0	-
D4	REB (K_3)	75.000	82.000	0	-
D4	HEX (Z_2)	41.000	98.000	0	-
D4	HEX (Z_12)	15.000	9.000	0	-
D4	REB (K_4)	43.000	139.000	0	-
D20	HEX (Z_9)	44.000	81.000	0	-
D20	REB (K_2)	86.000	402.000	0	-
D20	HEX (Z_7)	16.000	9.000	0	-
D20	REB (K_5)	271.000	1.049.000	0	-
Summe:		4.923.000	2.309.000	3.433.000	20.605.000

Tabelle A.12: Ökonomische Übersicht über die Kopplungen der optimalen Alternative

Heißer Strom	Kalter Strom	Pinch-Seite	Q [kW]	$T_{h,ein}$ [K]	$T_{h,aus}$ [K]	$T_{k,ein}$ [K]	$T_{k,aus}$ [K]
CON (K_3)	REB (K_4)	unterhalb	1219	350	350	338	338
REA (R_1)	REB (K_4)	unterhalb	2973	350	350	338	338
CON (K_2)	REB (K_4)	unterhalb	2109	352	351	338	338
CON (K_1)	REB (K_4)	unterhalb	2893	355	354	338	338
HEX (Z_4)	HEX (Z_2)	unterhalb	184	407	362	361	364
HEX (Z_10)	HEX (Z_1)	unterhalb	1753	423	330	290	355
CON (K_5)	REB (K_3)	unterhalb	644	427	427	386	386
CON (K_5)	REB (K_1)	unterhalb	3453	428	427	411	411
HEX (Z_11).1	HEX (Z_7)	oberhalb	63	451	428	418	441
HEX (Z_11).2	HEX (Z_9).1	oberhalb	239	451	428	418	436
HEX (Z_4)	HEX (Z_9).2	oberhalb	22	433	428	418	419
HEX (Z_11)	HEX (Z_9).1	unterhalb	1239	428	335	325	418
CON (K_5)	HEX (Z_9).2	unterhalb	1810	428	428	325	418
HEX (Z_4)	HEX (Z_7)	unterhalb	88	428	407	386	418
HEX (Z_8)	CW	unterhalb	2197	408	326	291	298
HEX (Z_3)	CW	unterhalb	117	352	343	291	298
HEX (Z_5)	CW	unterhalb	416	350	313	291	298
HEX (Z_6)	CW	unterhalb	8	350	343	291	298
HEX (Z_11)	CW	unterhalb	289	335	313	291	298
HEX (Z_10)	CW	unterhalb	81	330	326	291	298
CON (K_4)	CW	unterhalb	10146	325	324	291	298
D4	REB (K_3)	unterhalb	627	416	416	386	386
D4	HEX (Z_2)	unterhalb	750	416	416	350	361
D4	HEX (Z_12)	unterhalb	69	416	416	338	343
D4	REB (K_4)	unterhalb	1066	416	416	338	338
D20	HEX (Z_9)	oberhalb	438	485	485	426	439
D20	REB (K_2)	oberhalb	2181	485	485	431	432
D20	HEX (Z_7)	oberhalb	47	485	485	441	457
D20	REB (K_5)	oberhalb	5689	485	485	451	451

Tabelle A.13: Wärmetechnische Übersicht über die Kopplungen der optimalen Alternative

Weiterhin empfiehlt HEATPERT für drei Kopplungen, die mit dem Mitteldruckdampf D20 betrieben werden, einen möglichen Einsatz von Thermokompressoren (vergl. Kapitel 4.5.5.4) zu überprüfen (Tabelle A.14).

Treibdampf	Kalter Strom	Wärmeleistung [kW]	Saugdampf
D20	HEX (Z_9)	438	D4
D20	REB (K_2)	2181	D4
D20	REB (K_5)	5689	D4

Tabelle A.14: Kopplungen, bei denen ein möglicher Einsatz von Thermokompressoren für Heizdampf näher untersucht werden sollte

A.5 Evolutionäre Überarbeitung des optimierten Verfahrensfließbilds

Im letzten Schritt der heuristisch-numerischen Energieintegration kann eine evolutionäre Überarbeitung des Fließbildes erfolgen. Eine programmtechnische Umsetzung hierfür existiert allerdings aus den in Kapitel 4.6 erläuterten bisher Gründen nicht.

A.5.1 Maßnahmen ohne Änderung der konzeptionellen Prozeßstruktur

Nach den Kapiteln 4.6.1.1 und 4.6.1.2 sollte der mit Kühlwasser betriebene (vergl. Tabelle A.13), zum Wärmestrom HEX (Z_6) gehörende Wärmeaustauscher eliminiert werden. Seine Leistung ist mit 8 kW natürlich zu klein, um den Apparat wirtschaftlich sinnvoll zu betreiben. Seine Wärmeleistung sollte in den Kondensator der vorgelagerten Kolonne K_3 (siehe Abbildung A.2) verschoben werden.

Weiter sollte auf den Sumpfprodukterhitzer der Kolonne K_4 verzichtet werden (Wärmestrom HEX (Z_12)). Sein Wärmebedarf von Q = 69 kW konnte aus ökonomischen Gründen nicht prozeßintern gedeckt werden, daher muß Niederdruckdampf D4 verwendet werden (vergl. Tabelle A.13). Durch die Eliminierung des Apparates würde sich die Eintrittstemperatur im Reaktor R_1 etwas verringern. Die Folge dieser Maßnahme wäre eine näherungsweise um Q = 69 kW niedrigere Wärmeabgabe im Reaktor R_1. Da R_1 den Verdampfer der Kolonne K_4 heizt, erhöht sich der externe, mit Heizdampf zu deckende Heizbedarf der K_4 um Q = 69 kW (vergl. Abbildung A.5 (b)). Man verschiebt also die mit D4 zu deckende Heizleistung

Q = 69 kW vom Sumpfprodukterhitzer der Kolonne K_4 in den Verdampfer der Kolonne K_4 und spart einen Apparat ein (vergl. Abbildung A.2).

Ein Teil des Wärmebedarfs von HEX (Z_7), nämlich Q = 47 kW von insgesamt 189 kW, wird mit Mitteldruckdampf D20 gedeckt (siehe Tabelle A.13). Hierauf sollte eventuell verzichtet werden. Dadurch wird sich der Wärmebedarf im Verdampfer der Kolonne K_2 (REB (K_2)) erhöhen; gegebenenfalls wird auch die Wärmeleistung des Kondensators von K_2 (CON (K_2)) größer werden. Da aber REB (K_2) ebenfalls mit D20 beheizt werden muß und CON (K_2) seine Wärme vollständig an den Verdampfer der Kolonne K_4 abgibt (vergl. Tabelle A.13), stehen der Eliminierung dieses Apparates keine höheren Betriebsmittelkosten als die für die Q = 47 kW notwendigen entgegen. Gegebenenfalls können lediglich höhere Investitionen für den Verdampfer und den Kondensator der Kolonne K_2 anfallen; es sollte geprüft werden, ob eine solche größere Dimensionierung tatsächlich nötig ist. Ist dies nicht der Fall, sollte man die Kopplung HEX (Z_7) mit D20 auf jeden Fall eliminieren. Ansonsten muß ein Kostenvergleich erfolgen.

Analog sollten Abwägungen erfolgen, ob die Kopplungen HEX (Z_3) mit CW (Q = 117 kW) sowie HEX (Z_10) mit CW (Q = 81 kW) eliminiert werden können.

A.5.2 Maßnahmen mit Änderung der konzeptionellen Prozeßstruktur

Nach Kapitel 4.6.2 sind evolutionäre Maßnahmen mit Änderung der konzeptionellen Prozeßstruktur vor allem für Reaktoren und Kolonnen relevant, die nicht in die Wärmeintegration einbezogen wurden. Da aber erwartungsgemäß sowohl der Reaktor R_1 als auch die Kolonnen K_1 bis K_5 wärmeintegriert wurden, bieten sich entsprechende Maßnahmen nicht an.

A.6 Zusammenfassung der Ergebnisse

Die Tabelle A.15 faßt die wesentlichen Ergebnisse zusammen. Durch die Target-Optimierung wurde der minimale Heizbedarf $Q_{h,min}$ bezogen auf den Base Case auf 43% reduziert, der minimale Kühlbedarf $Q_{k,min}$ auf 50%.

Die relevanten Kosten des nicht-integrierten Base Case liegen 78% über den Kosten des optimierten Prozesses, die des integrierten Base Case liegen 35% darüber.

Der tatsächliche Energiebedarf des integrierten optimierten Prozesses liegt 30% über dem theoretisch möglichen Grenzwert. Die Energieausnutzung ist damit geringer als bei dem integrierten Base Case, bei dem der tatsächliche Energiebedarf 6% über dem theoretisch möglichen Grenzwert liegt.

Alternative	$Q_{h,min}$ [MW]	$Q_{h,min}$ [%]	$Q_{k,min}$ [MW]	$Q_{k,min}$ [%]	Kosten [DM/a]	Kosten [%]	Q/Q_{min} [%]
Base Case, nicht integriert	19,2	100	21,6	100	6.844.000	178	157
Base Case, integriert	19,2	100	21,6	100	5.185.000	135	106
Optimierter Prozeß, nicht integriert	8,4	43	10,7	50	6.952.000	181	354
Optimierter Prozeß, integriert	8,4	43	10,7	50	3.849.000	100	130

Tabelle A.15: Zusammenfassung der Ergebnisse

Anhang B - Glossar

● **Betriebsgrenze, obere**
Unter der oberen Betriebsgrenze einer Destillationskolonne soll die maximal zulässige Sumpftemperatur unter Beachtung der maximal zulässigen Kopftemperatur verstanden werden: Wird bei einer kontinuierlichen Druckerhöhung der Kolonne zuerst die maximal zulässige Sumpftemperatur überschritten, limitiert dieser Wert, d.h. die maximale Sumpftemperatur stellt die obere Betriebsgrenze dar. Wird aber zuerst die maximale Kopftemperatur überschritten, so limitiert sie: Die maximal zulässige Sumpftemperatur wird gar nicht erreicht. In diesem Fall wird die obere Betriebsgrenze aus der Summe der maximal zulässigen Kopftemperatur und dem über der Kolonne herrschenden Temperaturgradienten gebildet.

● **Betriebsgrenze, untere**
Unter der unteren Betriebsgrenze einer Destillationskolonne soll die minimal zulässige Kopftemperatur unter Beachtung der minimal zulässigen Sumpftemperatur verstanden werden: Wird bei einer Druckabsenkung zuerst die minimale Kopftemperatur unterschritten, stellt diese die untere Betriebsgrenze dar. Wird hingegen zuerst die minimal zulässige Sumpftemperatur unterschritten, limitiert dieser Wert und nicht die minimal zulässige Kopftemperatur. Im letzteren Fall wird die untere Betriebsgrenze gebildet aus der minimal zulässigen Sumpftemperatur abzüglich des Temperaturgradienten über der Kolonne.

● **Elemente, wärmetechnische**
Unter die wärmetechnischen Elemente fallen diejenigen Verfahrenselemente, die externen Heiz- und/oder Kühlbedarf haben. Sie werden in → wärmetechnische Hauptelemente und → wärmetechnische Nebenelemente unterteilt.

● **Hauptelemente, wärmetechnische**
Unter den wärmetechnischen Hauptelementen sollen diejenigen Reaktoren und Trennoperationen verstanden werden, die originär für den Prozeß benötigt werden und die in der Regel große Wärmeströme extern abgeben und/oder aufnehmen. Dies sind zum Beispiel nicht-adiabate Reaktoren oder Destillationskolonnen.

● **Investitionsalternative**
Wird eine zur Diskussion stehende → Kopplung durchgeführt, fallen die Investitionen für den Wärmeaustauscher an, aber man spart durch diese Wärmeintegrationsmaßnahme die Betriebsmittelkosten. Diese Handlungsalternative wird im Gegensatz zur → Unterlassensalternative als Investitionsalternative bezeichnet.

● **Kopplung**
Unter einer Kopplung zweier Ströme wird die Entscheidung bezeichnet, einen Wärmeaustauscher zwischen zwei Strömen zu plazieren.

● **Kopplung, potentielle**
Eine potentielle Kopplung stellt eine im Rahmen der wärmetechnischen Prozeßsynthese geschaffene Kopplungsoption dar. Durch Festlegungen geeigneter Betriebsparameter (z.B. Betriebsdrücke) werden die Voraussetzungen für eine bestimmte Kopplung geschaffen. Hierdurch wird wärmetechnisches Potential erzeugt.

● **Kosten, Einzel-**
Kosten, die einem bestimmten Kalkulationsobjekt eindeutig zurechenbar sind /Möll92/.

- **Kosten, fixe**
Kosten, die in ihrer Höhe unabhängig von den Veränderungen einer bestimmten Kosteneinflußgröße sind /Möll92/.

- **Kosten, Gemein-**
Kosten, die für mehrere Kalkulationsobjekte gemeinsam entstehen und auch bei Anwendung genauer Erfassungsmethoden nicht für die einzelnen Kalkulationsobjekte gesondert erfaßt werden können /Möll92/.

- **Kosten, Grenz-**
Kosten, die zusätzlich anfallen, wenn man die Ausbringmenge um eine marginale Mengeneinheit erhöht /Fand81/.

- **Kosten, irrelevante**
Entscheidungsunabhängige Kosten, die durch das Ergreifen einer bestimmten Handlungsmöglichkeit nicht veränderbar sind /Möll92/.

- **Kosten, Opportunitäts-**
Kosten, die den im Geldmaßstab ausgedrückten Nutzen widerspiegeln, den man bei anderweitigem Einsatz eines knappen Produktionsfaktors erzielen könnte. Es handelt sich um die entgangenen Gewinne, die man in der zweitbesten Verwendungsalternative des knappen Produktionsfaktors verdienen könnte /Möll92/.

- **Kosten, pagatorische**
Kostenelemente, deren Wertkomponente von Auszahlungen abgeleitet wird /Möll92/.

- **Kosten, relevante**
Entscheidungsabhängige Kosten, die durch das Ergreifen einer bestimmten Handlungsmöglichkeit veränderbar sind /Möll92/.

- **Kosten, variable**
Kosten, die in ihrer Höhe abhängig von den Veränderungen einer bestimmten Kosteneinflußgröße sind /Möll92/.

- **Kosten, wertmäßige**
Kosten, die den bewerteten, leistungsabhängigen Güterverbrauch erfassen. Die Bewertung erfolgt anhand des Wiederbeschaffungs-, Tages- oder Knappheitspreises /Möll92/.

- **Nebenelemente, abhängige wärmetechnische**
Unter den abhängigen wärmetechnischen Nebenelementen werden diejenigen Verfahrenselemente verstanden, deren Bedarf nicht originär ist, sondern aus den → wärmetechnischen Hauptelementen heraus abgeleitet ist, und die externe Wärmeströme aufnehmen oder abgeben. Beispiele hierfür sind Feedwärmeaustauscher oder ein Kondensator, der ein gasförmiges Reaktorprodukt verflüssigt, bevor dieses in eine Trennoperation eintritt. Ihre Notwendigkeit ist nicht ursächlich aus der konzeptionellen Prozeßstruktur heraus abgeleitet, ihr Einsatz wird abgeleitet aus den ihnen vor- oder nachgelagerten Reaktoren oder Trennoperationen.

- **Nebenelemente, unabhängige wärmetechnische**
Unter die unabhängigen wärmetechnischen Nebenelemente fallen diejenigen Reaktoren und Trennoperationen mit externem Heiz- und/oder Kühlbedarf, die nicht zu den → wärmetechnischen Hauptelementen gehören. Ein Beispiel stellt eine Extraktion dar: In der Regel haben Extraktionen keinen externen Heiz- oder Kühlbedarf; falls doch, wird dieser im Vergleich zu den Wärmeströmen von Rektifikationen in der Regel sehr klein sein und auf einem niedrigeren Temperaturniveau anfallen /Hauc98/.

• Nebenelemente, wärmetechnische

Zu den wärmetechnischen Nebenelementen zählen diejenigen Verfahrenselemente, die externen Heiz- und/oder Kühlbedarf haben und die nicht zu den → wärmetechnischen Hauptelementen gehören. Sie werden in → abhängige wärmetechnische Nebenelemente und → unabhängige wärmetechnische Nebenelemente unterteilt.

• Prozeßstruktur, konzeptionelle

Die konzeptionelle Prozeßstruktur legt die Art und Weise der Anordnung der Reaktoren und Trennoperationen fest. Die Entscheidung, welche Reaktoren und Trennoperationen im Verfahrensfließbild existieren, in welcher Reihenfolge sie hintereinander geschaltet sind und welche Prozeßströme welche Reaktoren und Trennoperationen verbinden, ist Bestandteil der konzeptionellen Prozeßstruktur. Nicht festgelegt werden aber die konkreten Betriebsbedingungen der Reaktoren und Trennoperationen (z.B. Betriebsdrücke) sowie Fragen der Wärmeintegration.

• Prozeßstruktur, wärmetechnische

Die wärmetechnische Prozeßstruktur definiert, bei welchen konkreten Betriebsbedingungen (z.B. Betriebsdruck und Rücklaufverhältnis einer Kolonne) die Reaktoren und Trennoperationen betrieben werden. Damit werden alle Wärmeströme des Verfahrens qualitativ und quantitativ festgelegt (Ein- und Ausgangstemperaturen, Wärmeleistungen usw.). Nicht festgelegt wird aber, wie die Wärmeströme miteinander verschaltet werden, d.h. Fragen der Wärmeverschaltung sind nicht Bestandteil der wärmetechnischen Prozeßstruktur.

• Unterlassensalternative

Wird eine zur Diskussion stehende → Kopplung nicht durchgeführt, entfallen die Investitionen, die für den Wärmeaustauscher der Kopplung sonst benötigt würden. Andererseits fallen Betriebsmittelkosten für das Aufheizen des kalten Prozeßstroms bzw. Abkühlen des heißen Prozeßstroms an. Diese Handlungsalternative wird im Gegensatz zur → Investitionsalternative als Unterlassensalternative bezeichnet.

• Wärmeaustausch, direkter

Unter direktem Wärmeaustausch wird die Vermischung zweier oder mehrerer Ströme mit unterschiedlichen Temperaturen verstanden. Es kommt neben Stoffaustausch auch zu Wärmeaustausch.

• Wärmeaustausch, indirekter

Unter indirektem Wärmeaustausch wird die Wärmeabgabe eines oder mehrerer Ströme an einen oder mehrere andere Ströme verstanden, die nicht mit Stoffaustausch einhergeht. Indirekter Wärmeaustausch findet typischerweise in einem Wärmeaustauscher statt.

• Wärmetransport, direkter
→ Wärmeaustausch, direkter

• Wärmetransport, indirekter
→ Wärmeaustausch, indirekter

Lebenslauf

<u>Persönliche Daten:</u>

Name:	Michael Nemecek
Anschrift:	Marbacher Straße 5
	40597 Düsseldorf
Geburtsdatum:	10. August 1970
Geburtsort:	Monheim
Staatsangehörigkeit:	deutsch
Familienstand:	ledig

<u>Schulischer und beruflicher Werdegang:</u>

08/76-07/80	Grundschule "Stettiner Straße", Düsseldorf	
08/80-05/89	Gymnasium "Koblenzer Straße", Düsseldorf	Abitur, Gesamtnote: 2,2
10/89-10/95	Studium der Chemietechnik, Universität Dortmund	Abschluß als Diplom-Ingenieur, Gesamtnote: 1,3
11/95-12/98	Doktorand, Lehrstuhl Technische Chemie A, Universität Dortmund (Prof. Dr. K. H. Simmrock)	Promotion "mit Auszeichnung", Lehrtätigkeiten
11/95-12/98	freier Mitarbeiter, Gesellschaft für heuristisch-numerische Beratungssysteme mbH, Dortmund	Aufbau von Verfahrensdatenbanken, Design von Reaktoren, energetische Analyse und Optimierung von chemischen Anlagenkomplexen
seit 04/96	Zusatzstudium Wirtschaftswissenschaft, Fernuniversität Hagen	Diplom-Vorprüfung, Gesamtnote: 1,9
seit 01/99	Bayer AG, Bereich Zentrale Technik, Ressort Technische Entwicklung, Fachbereich Systemverfahrenstechnik, Leverkusen	Prozeßsynthese, Prozeßmodellierung, Prozeßoptimierung, Engineering

<u>Weitere Aktivitäten/Praktika:</u>

02/90-04/90	Bayer AG, Leverkusen	Grundpraktikum
09/92-10/92	Bayer AG, Leverkusen	Montage
03/93-04/93	Bayer AG, Leverkusen	Forschung und Entwicklung
10/93-11/93	Miles Inc., Pittsburgh, USA	Umweltmanagement
10/94-11/94	Roland Berger & Partner GmbH, Düsseldorf	Management Consulting